사람을 연구하는 사람

사회학자 마르타 티엔다

People Person : The Story of Sociologist Marta Tienda

This is a translation of *People Person : The Story of Sociologist Marta Tienda*, Diane O'Connell; Joseph Henry Press, an imprint of The National Academies Press.

사람을 연구하는 사람

사회학자 마르타 티엔다

다이앤 오코넬 지음 | 한국여성과총 교육홍보출판위원회 옮김

해나무

시리즈에 대하여

이 시리즈에 나오는 이야기는 실존 여성들과 그들의 탁월한 과학적 업적을 다루고 있다. 이 여성들 중 어떤 이들은 아주 어린 나이부터 과학자가 되고 싶다는 것을 알았고, 어떤 이들은 한참 후에야 깨달았다. 어떤 이들은 업적을 쌓아가는 과정에서 개인적·사회적 장애를 극복해야 했고, 어떤 이들은 좀 더 단순하고 순탄한 길을 따랐다.

배경과 살아온 이야기는 다르지만 여기에 나오는 비범한 여성들은 하나같이 중요한 신념을 갖고 있었다. 자기가 하는 일이 매우 중요하며, 그 일이 세상을 더 좋은 곳으로 만들 수 있다는 신념이다.

수많은 여타 전기물과 달리 이 시리즈는 현역에서 활동하는 과학자들의 삶의 연대기다. 이 여성들은 다양한 방식으로 이 책을 만드는 데 참여했다. 자신의 인생에서 중요한 세부 사항을 공유했고, 예시 자료로 쓸 수 있게 개인의 사사로운 사진들을 내놓았으며, 가족이나 친구, 동료들이 인터뷰에 응하도록 요청했고, 독자의 관심을 끌 수 있도록 자신의 전문성을 살려 과학적으로 설명해주었다.

이 시리즈는 새러 리 슈프Sara Lee Schupf와 미국 국립과학원의 전폭적인 도움이 없었다면 성사되지 못했을 것이다. 개인으로서나 조직으로서나 이들은 세상을 이해하려면 과학을 추구하는 게 중요하다는 신념으로 뭉쳐 있었다. 이들은 혁신적인 과학자가 된 지적 호기심이 많은 인물들의 이야기가 독자들에게 즐거움과 깨달음을 제공하기를 바란다. 그리고 이 이야기들이 비슷한 꿈을 좇는 재능 넘치는 이들에게 영감을 불어넣기를 희망한다. 과학 분야의 직업에 도전하는 것은 대단한 일이며, 나아가 그 보답은 훨씬 더 클 것이다.

차례

머리말

평생의 과업

마르타 티엔다Marta Tienda는 수를 좋아한다. 그녀는 사람도 좋아한다. 이 두 가지 사실은 어떤 관련이 있을까?

먼저 다음과 같은 질문을 살펴보자. 어째서 몇몇 사람은 부유하고, 어떤 사람들은 가난한가? 왜 어떤 사람들은 돈 잘 버는 직업을 가진 반면, 어떤 사람들은 보수가 낮은 직업을 가질까? 어째서 어떤 사람들은 다른 사람들보다 더 나은 교육의 혜택을 누리는 걸까? 마르타는 숫자가 이런 질문에 답을 내놓는다는 것을 알고 있다.

마르타는 호기심으로 이런 질문들을 던지면서 답을 찾고 싶어 한다. 마르타는 집단, 조직, 사회의 행동을 연구하는 사회학자다. 어쩌면 당신은 그녀가 탐정 비슷한 일을 한다고 생각할는지도 모른다.

범죄 현장을 재구성하려고 단서를 모으는 탐정처럼 마르타는

집단의 그림을 만들기 위해 숫자에서 단서를 찾는다. 탐정 업무가 개인 범죄를 해결하는 데 도움을 주는 것처럼, 마르타가 하는 일은 '왜 어떤 사람은 다른 사람보다 더 많이 가질까?'라는 사회적 불평등을 해결하는 데 도움을 준다.

마르타 티엔다는 결핍의 고통을 안다. 그녀는 초등학교도 마치지 못한 멕시코 이민자의 딸로 가난한 환경에서 자랐다. 그러나 그녀는 역경을 딛고 미국 최고의 사회학자 반열에 올랐다. 그녀는 대학생 때부터 남들, 특히 자기처럼 어려운 처지에 놓인 사람들의 삶을 향상시키기 위해 사회과학을 활용하기 시작했다.

마르타는 그 사람들의 얼굴에서

아버지의 잔영을 보았다.

마르타의 아버지, 토리비오Toribio는 농작물을 수확하는 일을 찾으려고 불법으로 미국에 건너왔다.

1장

영혼의 사회학

'오늘 하루도 바삐 돌아가겠지.'라고 마르타 티엔다는 생각했다. 1971년 7월이었다. 마르타는 미시간주 앨피나에 있는 주 정부 건물 지하의 계산대 뒤쪽에 서 있었다. 마르타가 일하는 곳이다. 그녀는 푸드 스탬프food stamp를 받으려고 남자, 여자, 아이 들이 장사진을 치고 있는 모습을 바라보았다. 주로 텍사스에서 온 멕시코계 이주민 노동자였다.

대부분 몇 년에 걸쳐 가족과 함께 텍사스 남쪽에서 미시간 북부 지역으로 이동해왔고, 같은 농장에서 여름 내내 작물을 따는 사람들이다. 그 사람들의 얼굴에 젊은 시절의 아버지가 어른거렸다. 저임금도 마다 않고 고된 하루 일자리를 얻으려고 줄 서 있던 아버지의 모습을. 영어는 거의 못하고, 직업 기술과 학력도 부족

리오그란데강을 건너는 멕시코계 농장 노동자들.

한 마르타의 아버지는 1941년에 멕시코에서 미국으로 불법으로 건너왔다.

마르타가 하는 일은 각 개인이 정부가 발행한 푸드 스탬프를 받을 만한 자격이 되는지 결정하는 것이었다. 사람들은 푸드 스탬프를 슈퍼마켓에서 식료품을 구입할 때 사용할 수 있었다. 돈이 없거나 대가족을 부양하는 노동자는 푸드 스탬프를 더 많이 받을 수 있었다.

마르타가 미시간 주립대학교에서 3학년을 막 마쳤을 때였다. 그녀는 여름에 할 수 있는 이 일에 흥미를 느꼈다. 주 농업 부서에서 일하는 것은 어려운 처지의 사람들과 교감할 기회를 주었다.

계산대에 줄 서 있는 다음 사람은 다음 달이면 스물한 살이 되는, 마르타보다 나이가 어린 젊은 여자였다. 젊은 여자는 아이를 안고 있었고, 다섯 살 소녀는 그 옆에 달라붙어 있었다. 어린 소녀의 검은 곱슬머리와 큼지막한 갈색 눈을 보니 마르타는 자신의 어린 시절이 떠올랐다. 생계를 이어가려고 가족 모두 토마토, 오이, 체리를 따던 시절이었다.

승인 가능한 푸드 스탬프의 금액을 말해주려고 마르타는 스페인어로 물었다.

"지난달에 일했나요?"

"아니오." 젊은 여자는 기어 들어가는 목소리로 대답했다. 만약

한 여자가 식료품 구입에 푸드 스탬프를 사용하고 있다. 현금처럼 푸드 스탬프를 내면 식료품과 교환할 수 있었다.

그녀가 "네."라고 대답했다면, 마르타는 수입이 얼마였는지 물어보려 했다.

"가족은 몇 명이에요?"

"여섯이요."

이렇게 이주 노동자는 대부분 가족이 많았다.

마르타는 그녀에게 푸드 스탬프를 받을 자격이 된다고 말했다. 지난달에 수입이 한 푼도 없었기 때문이었다. 그 푸드 스탬프는 무료였다.

마르타는 사람들의 삶을 개선하는 결정을 할 수 있어서 이 일을 좋아했다. 당시에는 미처 깨닫지 못했지만 그해 여름은 그녀를 사회과학자로의 길로 이끌었다.

아메리칸 드림 키우기

미국은 민주주의 정신, 즉 모든 사람은 평등하게 태어났으며, 삶, 자유, 행복을 추구할 권리를 갖고 있다는 이념을 바탕으로 해서 세워진 나라다. 다시 말해, 열심히 일하고 법을 준수하는 사람은 어느 누구든 좋은 삶을 누릴 자격이 있다.

그런데 실상을 들여다보면 늘 그렇지는 않았다.

왜 그럴까?

대다수 사회과학자들은 모든 사람이 아메리칸 드림을 이룰 기회를 똑같이 누리는 것은 아니라는 사실을 수집해서 보여준다. 사회과학자는 이렇게 말할 것이다. "얼마나 많은 사람이 이런 처지에 놓여 있는지 알아볼까요? 얼마나 많은 사람이 아메리칸 드림을 이룰 기회로부터 배제되었을까요? 전체의 3분의 1일까요? 이보다 더 많을까요, 더 적을까요?"

아메리칸 드림은 미국의 역사에서 계속 존재해왔고, 오늘날에도 계속해서 사람들을 이끌어가고 있다. 마르타의 아버지는 아메리칸 드림을 믿어 의심치 않았는데, 열심히 일하고 가르치면 자식들이 자라서 자신보다 더 나은 삶을 살 거라고 생각했다.

미국에 밀입국한 멕시코계 이민자들은 대개 장시간 농작물을 거두는 일을 했다. 노동자들이 캘리포니아에서 칸탈루프cantaloupe를 따고 있다.

어떤 집단이 불리한 이유를 알아내는 것은 중요한 일이다. 지배 계층이 그 해결 방법을 결정할 수 있다는 점에서 그렇다.

앵글로계 미국인Anglo American(주로 유럽 배경을 가진 사람들)이 멕시코계 미국인Mexican American보다 수입이 더 많다는 사실을 알아냈다고 가정해보자.

그것은 멕시코 출신 사람들이 의도적으로 수입이 많은 직업에서 배제되었기 때문일까? 아니면 그들 중 대부분이 최근에 이민했거나 최근에 이민한 사람의 자녀이고 여전히 교육을 받고 있기 때문일까? 마르타 티엔다의 직업은 더 많은 인종과 소수 민족(특히 히스패닉계)이 아메리칸 드림을 실현할 수 있도록 하는 데 중점을 두고 있다. 그녀는 주로 어떻게 하면 교육과 취업 기회를 더 많이 제공할 수 있는지에 초점을 맞추었다.

개인의 힘

가난했던 마르타의 출신 배경이 그녀의 경력 전반에 동기를 부여했다. 마르타는 자신의 사회과학 지식을 업무에 활용했다. 사실, 그녀가 던진 질문은 대부분 자신의 경험에서 직접 우러나온 것이었다.

마르타(왼쪽)와 언니 매기와 함께한 토리비오 티엔다. 그는 자신은 못 배웠어도 아이들은 교육을 시켜야 한다고 생각했다.

예를 들어, 멕시코계 미국인의 역사를 연구할 때 그녀는 자신의 과거를 돌이켜본다.

빈곤이 가족에 끼치는 영향을 연구할 때는, 가난했던 자신의 어린 시절을 떠올린다.

한부모 single parent가 가족을 부양하는 것이 어떤 것인지를 생각해야 할 때면, 그녀가 여섯 살 때 엄마가 돌아가셔서, 아빠 혼자 아이 다섯을 키워야 했던 시절을 회상해본다.

마르타 티엔다는 왜 어떤 사람들은 성공하고, 어떤 사람들은 그렇지 않은지 그 이유를 알아내려고 연구하는 과정에서, 자식의 성공을 바라는 부모의 염원이 무엇보다 크게 작용한다는 사실을 알아차렸다. 아버지의 결심이 없었다면, 그녀는 지금처럼 성공하지 못했을 것이다. 아버지는 자식들이 학업을 이어가도록 권유했고, 자녀들의 학부모·교사 간담회에 빠진 적이 없었다.

마르타의 아버지는 가족을 위해 더 나은 삶을 꿈꿨다. 그 꿈은 위험한 여정과 함께 시작되었다.

토비와 아주세나는

자녀들이 더 나은 삶을 살도록 해주고 싶었다.

디트로이트에 있는 공원에서 산책하는 동안, 토비는 마르타의 손을 잡고 있고, 매기는 그 옆에서 따라오고 있다.

2장

토비의 꿈

토리비오 티엔다 Toribio Tienda와 삼촌은 싸늘한 밤공기에 웅동그리며, 밀입국을 도와주고 돈을 받는 이른바 '코요테'와 함께 임시로 만든 뗏목에 올라탔다. 때는 1941년이었다. 많은 멕시코인들이 제2차 세계대전으로 일손이 부족해진 미국 농장과 공장에서 일하고 싶어 했다.

노를 한 개만 사용해 카누같이 생긴 뗏목을 조종하면서 그들은 리오그란데강을 건너 멕시코에서 텍사스주로 갔다. 위험천만한 여행이었다. 몇몇 멕시코인들은 강을 건너다가 빠져 죽기도 했고, 어떤 사람들은 미국 해안가의 저격

더 나은 삶을 위해 토비는 가족과 함께 텍사스주에서 미시간주로 이사했다.

이주 노동자들이 트럭에 바구니를 싣고 있다. 토비 또한 텍사스에 왔을 때 포도와 오렌지를 따기 위해 열심히 일했다.

수에 의해 잔인하게 총살되기도 했다. 나머지 사람들은 멕시코로 돌아가거나 미국 국경수비대에 의해 체포되었다.

그러나 토비[Toby](토리비오 티엔다의 별칭)에게 이 위험은 감수할 만한 가치가 있었다. 토비와 그의 삼촌은 굶주리는 가족을 위해 텍사스 남부의 농장이나 목장에서 일자리를 얻고자 했다.

건조하고 먼지가 많은 멕시코 북동쪽 도시 후알라후이세스[Hualahuises]에서 토비는 부모와 아홉 명의 형제자매를 두고 떠났다. 그곳 후알라후이세스의 작은 농장에서 토비 가족은 옥수수와 콩을 키웠고, 염소와 닭도 길렀다. 실내 화장실도 없고 전기마저 안 들어오는 곳이었다. 아이들은 일을 하느라 학교도 못 갔다. 토비는 4학년을 간신히 마쳤다.

텍사스에 안전하게 도착한 토비는 오렌지와 자몽을 따는 일을 구했다. 그는 트랙터를 몰았고 과일 나무도 심었다. 농장주는 토비에게 살 곳을 마련해주었고 농장에서 재배한 거라면 뭐든지 먹게 해주었다. 그러나 그는 하루 품삯 1달러로 다른 음식을 사야 했다.

비밀 결혼

합법적인 입국 서류가 없는 토비는 위험을 무릅써야 했다. 잡히면 추방당할 것이 뻔했다. 그러나 미국에는 일손이 모자라는 일자리가 많았고, 이주관리국은 밀입국자들이 채용될 때 눈감아 주곤 했다.

그다음에 토비는 텍사스주 에드카우치Edcouch의 리오그란데 밸리 시내로 이동했다. 거기에서 그는 선과장選果場에서 일했고 그 당시 밀입국자들에게는 큰돈인 시급 45센트를 받았다.

어느 날 토비와 아주세나Azucena라는 이름의 멕시코 소녀는 서로 자몽을 건네기 시작했다. 몇 주가 지나면서 그들의 호감은 사랑으로 발전되어, 1946년 가을에 둘은 비밀리에 결혼했다. 그럴 수밖에 없었다. 두 사람은 아주세나의 부모가 결혼을 결코 허락하지 않으리라는 것을 알았기 때문이다. 아주세나의 부모는 딸이 돈 많은 남자와 결혼하기를 바랐다.

갓 태어난 마르타를 안고 있는 아주세나와 첫째 딸 매기.

신접살림은 에드카우치에 있는 조그만 셋집에서 시작했다. 아주세나는 1929년에 미시간에서 멕시코 이민자로 태어난 미국 시민권자였다. 이제 토비는 미국에 거주할 자격을 갖게 되었다. 과일 따는 계절이 끝나자마자 그는 새 법적 지위를 이용해 미주리 퍼시픽 레일로드Missouri Pacific Railroad에 일자리를 얻었다. 자몽을 따는 일보다 급여를 훨씬 더 많이 받았다.

곧이어 딸 매기Maggie가 태어났고, 2년 뒤인 1950년 8월 10일에 둘째 딸이 태어났다. 둘째 딸의 이름은 마르타였다.

더 나은 삶을 찾아서

토비와 아주세나는 자식들이 더 나은 삶을 살게 해주고 싶었다. 그러자면 좀 더 번듯한 직업을 가져야 했다. 그러나 어떻게? 어디에서? 토비의 삼촌 조Joe는 디트로이트Detroit에 있는 제철소에서 일했다. 삼촌이 거기서 토비의 직장을 알아봐주지 않을까? 삼촌 조를 만난 적은 없었지만 토비와 아주세나는 북쪽으로 이사하기로 결정했다. 서로 잘 알고 지내진 않았어도 이미 정착한 친지에게 도움을 받는 것은 그때나 지금이나 비일비재한 일이었다.

1951년 초봄에, 살림살이를 바리바리 챙겨 네 명의 가족은 버스에 올라탔다. 디트로이트여, 우리가 간다!

그러나 티엔다 가족의 설렘은 디트로이트에서의 생활 여건을 알게 되자 사라져버리고 말았다. 그곳은 텍사스 촌구석 생활보다 더 나을 것이 없었다. 삼촌 조에게 잠시 신세를 진 다음, 티엔다 가족은 그들이 감당할 만한 유일한 장소, 즉 황폐한 동네의 비좁은 지하 아파트로 이사했다.

토비는 자동차 부품을 제조하는 그레이트 레이크 스틸Great Lakes Steel에서 일하기 시작했다. 높고 뜨거운 전기 크레인 위에서 긴 하루 일과를 마친 후, 토비는 무거운 공구 주머니를 벗고 파김치가 되어 집으로 터벅터벅 걸어왔다.

일 년 반 정도 살았던 디트로이트의 새 동네에서 마르타가 걷고 있다.

마르타가 태어난 지 일 년이 지나, 남동생 후안 루이스Juan Luis가 태어났다. 티엔다네 방 두 개짜리 아파트는 폭발할 지경이었다. 뭔가 조치를 취해야 했다.

마르타는 여전히 영어를 배우는 중이었고,

대부분의 시간을 얼떨떨한 상태로 지냈다.

가족이 처음 마련한 집 앞에 마르타가 웃으며 서 있다.

3장

비극이 닥치다

1952년 8월, 마르타가 두 살이 되었을 때, 티엔다 가족은 더 나은 동네에 있는 좀 더 큰 아파트로 이사했다. 정부가 저소득 가정에 보조금을 지원하는 공공 임대 아파트였다.

매기(왼쪽)와 마르타는 엄마가 만들어준 옷을 입고 부엌에서 사진을 찍기 위해 포즈를 취하고 있다.

새 집에 정착한 이후에, 마르타는 학교 입학을 목이 빠지게 기다렸다. 언니 매기의 등교 첫날, 마르타와 후안 루이스는 매기와 함께 학교에 가고 싶어 했다. 그러나 아버지는 "너무 어리다"며 말렸고, 그들은 기다려야 했다.

마르타는 다섯 살이 되자 유치원에 다니기 시작했다. 마르타가 원했던 건 아니었다. 마르타는 여전히 영어를 배우는 중이었고, 대부분의 시간을 얼떨떨한 상태로 지냈다. 그녀는 자기가 다른 아이들과 다르다는 것을 깨달았고, 자기도 앵글로색슨계 소녀가 되어 다른 아이들과 어울려 놀고 싶었다.

마르타가 학교에 적응하는 동안, 아버지는 밤낮없이 일했다. 아버지는 제철소에서 8시간 일한 후, 포드 자동차 회사에서 다른 일을 보기 시작하곤 했다. 야간 부업Moonlighting까지 하면서 이른바 '투잡two jobs'을 뛰는 건 매우 위험한 짓이었다. 제철소 노동조합이 이 사실을 알면, 토비는 직장을 잃을 수도 있었다. 그러나 경험으로 깨달은 바, 토비는 때에 따라서 위험은 감수해야 한다고 여겼다.

하루 16시간 동안 일하고, 토비는 휴식 시간에 아주세나와 (시계방향으로) 아기 이레네, 매기, 마르타, 후안 루이스와 시간을 보냈다(사진에 글로리아는 없음).

토비가 열심히 일한 대가는 결실을 맺었다. 하루 16시간씩 연달아 5일을 일한 결과, 1956년에 링컨 파크Lincoln Park의 디트로이트 교외에 있는 집 계약금을 마련할 수 있었다.

그는 미국 시민권 취득 시험에 대비해 힘들게 야간 수업을 들었고, 1953년에 통과했다.

티엔다 가족은 한 번 더 짐을 싸야 했고, 하트윅Hartwick 거리에 있는 단층집으로 이사했다. 그 지역은 집이 작고

다닥다닥 붙어 있었다. 이제 티엔다 가족은 토비, 아내 아주세나, 매기(8세), 마르타(6세), 후안 루이스(5세), 이레네(2세), 아직 돌도 안 지난 글로리아, 이렇게 일곱 명이었다.

미국인 같은 멕시코계 미국인 소녀

이웃 주민들은 대부분 토비처럼 제철소에서 일하거나 근처 포드 또는 제너럴 모터스 공장에서 일했다. 대체로 '투잡'을 뛰었다. 티엔다 가족은 그곳에서 유일한 멕시코계 미국인이었으나 이웃과 공통점이 많았다. 이웃들은 대개 동유럽 또는 이탈리아계 2세였다. 대부분 아메리칸 드림을 믿었고, 자식들에게 더 나은 삶을 물려주려고 열심히 일했다.

마르타네 형제자매들은 새 친구들을 사귀었다. 그들은 철길 너머 넓은 들판에서 개구리와 뱀을 잡았다. 친구들은 티엔다네 아이들이 스페인어로 말하는 것을 좋아했다. 친구들은 종종 마르타와 그녀의 형제자매들에게 멕시코어로 말하라고 조르기도 했다.

후안 루이스, 마르타, 매기는 매우 가깝게 지냈다.

1956년 9월에 마르타는 동네 초등

학교에 입학했다. 맥스 파운Max Paun 초등학교는 U자 모양의 단층 벽돌 건물이었다. 건물 뒤쪽에 그네와 회전목마가 있는 자갈 놀이터가 있었고, 그 너머에 들판이 넓게 펼쳐져 있다.

학교에서 티엔다네 아이들은 항상 바른 모습으로 생활했다. 잘못된 행동을 해서 선생님에게 꾸중을 들으면 집에서 아버지에게 다시 혼난다는 걸 알았다. 힘들게 자식들을 가르치는 만큼, 토비는 아이들이 교실에서 장난을 치면 가차 없이 나무랐다.

마르타는 배움이 빠른 아이였다. ABC 알파벳을 깨치고 영어를 술술 읽어나갔다. 그래도 블란체Blanche 선생님이 교실에서 말한 것을 전부 다 이해했던 것은 아니다. 그녀는 자기가 다른 학생과 다르다고 느꼈고, 그것이 싫었다.

비극이 닥치다

1957년 봄에 마르타의 어머니가 병에 걸렸다. 몇 차례의 진찰에도 차도가 없자 어머니는 담낭 수술을 받기 위해 병원에 입원해야 했다.

그 시간에 학교에서는 마르타와 반 친구들이 부모에게 드릴 부활절 카드를 만들고 있었다. 아이들은 카드 겉면에 부활절 토끼의 반쪽만 보이게끔 토끼의 절반을 가위로 잘랐다. 카드를 열면 토끼 전체가 나오는 카드였다.

마르타는 부활절 카드가 엄마의 기분을 좋게 할 것이라고 생각했다. 그러나 마르타는 허둥대다가 잘못 잘라서 반쪽짜리 토끼를 두 개나 만들었다. 마르타의 얼굴이 빨개졌다. 주위를 둘러보니 자기만 실수한 게 아니었다. 그래서 마르타는 다른 카드를 만들기 시작했다.

그런데 또 다시 마르타는 두 개의 반쪽짜리 토끼를 만들고 말았다. 다른 친구들은 벌써 카드를 꾸미는 단계로 들어섰고, 그녀는 혼자만 뒤처지는 것 같아 당황했다.

마르타는 한 번 더 시도했다. 조심스럽게 토끼 모양을 자르면서 자신을 다그쳤다. "뒤를 자르면 안 돼. 뒤를 자르면 안 돼." 그러나 또 잘라버렸고, 마르타는 속상한 마음에 숨죽여 울기 시작했다.

블란체 선생님이 무슨 일인지 알아보려고 다가왔다. 마르타는 '선생님은 내 기분을 풀어줄 말씀을 해줄 거야.'라고 생각했다. 그러나 격려는커녕 엉덩이를 맞았다. 평생 잊지 못할 벌이었다. 얻어맞을 때마다 선생님의 팔찌가 쟁그랑거리는 소리를 냈다. 마르타는 수치심을 느꼈다.

어린 소녀는 병원에 있는 어머니가 걱정이 되었고, 토끼 카드를 만드는 것은 그녀가 할 수 있는 것 중의 하나였다. 마르타의 순진한 실수에 블란체 선생님이 손찌검으로 심하게 대한 것은 이런 상황에서 특히 가혹했다. 그 경험은 마르타에게 어떤 실수라도 저지르면 벌을 받을 것이라는 뿌리 깊은 두려움을 남겼다.

마르타의 외할머니 소코로Socorro는 아이들의 엄마가 병원에 입원해 있는 동안 손주들을 돌보기 위해 텍사스에서 왔다. 1957년 4월 14일, 부활절을 앞둔 일요일에 마르타의 어머니는 수술 합병증으로 세상을 떠났다. 그러나 아무도 아이들에게 어머니의 죽음을 알려주지 않았다. 토비와 소코로 외할머니는 상실감으로 제정신이 아니었다. 또 아이들에게 큰 슬픔을 안겨주고 싶지 않았다. 그렇게 아이들에게 알리지 않은 채, 아주세나의 장례식은 조용하게 치러졌다. 마르타는 정말 고생을 거듭한 끝에 결국 부활절 카드를 완성했다. 그러나 그 카드는 어머니에게 전해지지 못했다. 토비는 가장 좋아하는 의자에 앉고는 다섯 아이들을 불러 모았다. 나지막하게 망설이며, 그는 아이들에게 알렸다.

"엄마는 하늘나라에 계셔."

마르타는 당황했다. "엄마가 죽었다는 말이에요?"

"그래." 토비는 대답해주었다.

마르타는 엄청나게 충격을 받았다. 왜냐하면 엄마가 이미 땅에 묻혔고, 작별 인사를 할 방법도 없었기 때문이었다.

마르타(그네를 타고 있는 아이)와 매기는 어머니가 죽기 전까지 몇 년 동안 즐거운 시간을 보냈다. 아이들은 엄마가 죽었을 때 작별 인사를 하지 못했다.

텍사스로

외할머니 소코로가 손주들을 텍사스로 데리고 갔고, 토비는 디트로이트에 있는 공장에서 일을 계속했다. 마르타는 새 학교가 무섭고 이상했다. 교실 문을 열면 바로 바깥으로 이어졌고, 존스Jones 선생님은 블란체 선생님보다 더 무서웠다. 마르타는 잘못 행동한 학생들이 문 밖에서 얻어맞는 것을 보니 끔찍했다. 그 학생들이 맞게 된 이유를 알 수 없었기 때문에, 다음은 자기 차례가 될 것 같아 두려움에 떨었다.

마르타는 텍사스 남부 아이들의 억양을 이해하는 데에도 어려움을 겪었다. 간단한 단어조차 다르게 발음했다. 예를 들어, 'the'는 '더'가 아니라 '디'로 발음했다. 마르타는 억양 때문에 불려 나가 벌을 받게 될까 봐 두려웠지만, 그나마 다행히도 존스 선생님은 블란체 선생님보다 동정심이 많았다. 마르타는 교실 문 밖에서 무서운 매를 맞은 적이 없었다.

마르타의 외할머니 소코로는 엄마가 죽은 뒤 몇 달 동안 아이들을 돌보았다.

학기가 끝날 때쯤 외할아버지 댁에 긴장이 감돌았다. 마르타의 외할아버지가 다섯 아이들을 부양해야 하는 것에 계속 불평을 늘어놓았기 때문이다.

군식구 취급받으면서 아버지를 그리워하던 아이들은 아버지에게 자신들을 집에 데려가 달라는 편지를 썼다.

다른 땅, 다른 삶

여름이 되자, 토비는 아이들을 북쪽으로 다시 데려가려고 미시간주 링컨 파크에서 약 2700킬로미터를 달려왔다. 텍사스주에 잠깐 들른 후, 토비는 가족들을 만나러 수백 킬로미터 떨어진 멕시코로 가기로 마음먹었다.

토비, 그의 두 조카, 다섯 아이들은 1953년산 남색 셰보레 차에 탔다. 두 조카는 토비와 앞에 탔고, 아이들은 좌석 뒷자리 가방 위에 던져진 침구 위로 몸을 밀어 넣었다.

차에는 에어컨이 없어서 긴 여행길이 무척 더웠다.

이것이 마르타의 첫 멕시코 여행이었다. 아버지가 자랐던 집에 가본 것은 그때가 처음이자 마지막이었다. 아버지 가족이 사는 곳은 두메산골이어서, 여덟 명의 여행자는 여정의 마지막에 소달구지를 타야 했다.

일곱 살에 불과한 마르타는 아버지가 극빈 생활에서 벗어났다는 걸 알게 되었다. 그곳에서는 아홉 명의 식구가 방바닥이 진흙인 두 칸짜리 초가집에 살았다. 한 칸은 침실용, 다른 하나는 부억용이었다.

이런 열악한 환경에도 토비의 가족은 그들을 따뜻하게 맞이했고, 가능한 한 편안하게 지낼 수 있게 해주었다. 서까래에 보관되어 있던 매트리스를 내려줘서 마르타 형제들은 그 위에서 잤다. 토비의 가족은 미국에 사는 손주들을 위해 돼지를 잡아 잔치까지 벌였다.

위탁 양육 기관과 싸우기

며칠 지난 후, 티엔다 가족은 링컨 파크로 돌아왔다. 큰 슬픔이 떠다니는 곳이었다. 한부모로서 토비는 집에 아이들을 두고 일하러 갈 수밖에 없었다. 아이들을 돌봐줄 사람을 구하지 못해 열 살 매기와 여덟 살 마르타에게 어린 세 동생을 맡기고 집을 나섰다. 그러던 중에 어떤 이웃이 지역 아동 보호 기관에 이런 상황을 신고했다. 안전하지 않다고 말이다.

어느 날 토비가 일터에서 귀가했을 때, 양육 기관 공무원 두 명이 문을 두드렸다. 공무원들은 아이들을 양부모에게 맡기라고 윽박질렀다.

“내 눈에 흙이 들어가기 전에는 절대로, 절대로 안 됩니다.” 토비는 말했다.

마르타는 2학년이 되었고, 가족들은 서서히 어머니 없는 생활에 적응해갔다. 이런 어려움에도 티엔다 가족은 헤어지지 않고 같이 지냈다.

토비가 아이들에게 정성을 다하는 모습을 보자, 공무원들의 마음이 누그러졌다. 그들은 토비에게 아이를 돌볼 베이비시터를 구할 시간을 주었다.

처음에는 토비의 두 조카가 아이들을 돌보았는데, 9월이 되자 조카들은 텍사스로 돌아가버렸다. 토비는 여러 베이비시터를 고용했지만 다들 얼마 못 가 그만두었다.

자선과 아픔

자존심이 강했던 토비가 인생에서 처음이자 마지막으로 자선단체의 도움을 받게 되었다. 티엔다 가족은 땅콩버터, 분유, 통조림 고기 같은 생필품을 정부로부터 받았다. 분유는 맛이 없어서 아이들은 일반 우유와 섞어 먹었다. 토르티야tortilla를 만들 때 쓰는 치즈 덩어리와 밀가루 큰 봉지도 받았다.

가톨릭교회는 옷을 기부했다. 한번은 교회에서 온 어느 아주머니가 새 신발을 사주겠다며 아이들을 시어즈Sears 가게로 데려갔다. 마르타의 시선은 조그맣고 하얀 줄무늬가 들어간 검은색 에나멜가죽 구두에 가 닿았다. 그 구두는 얼굴을 비춰볼 수 있을 만큼 반짝였다. 마르타는 지금껏 어떤 것을 갖고 싶어 한 적이 없었다.

"마르타, 이거 신어보렴." 교회 아주머니가 옆쪽에 검은색 헝겊을 덧대고 밋밋한 흰색 레이스가 달린 새들 슈즈 한 켤레를 내밀며 말했다.

"저는 이게 좋은데." 마르타가 더 화려한 구두를 가리키면서 말했다.

"그건 너무 비싸잖니. 실용적이지도 않고."

마르타는 새들 슈즈를 갖게 되었지만, 그 신발에 대한 반감이 얼마나 컸던지 평생토록 멋진 신발에 집착하는 버릇이 생길 정도였다.

그해 크리스마스는 보잘것없었다. 비영리단체 굿펠로우Goodfellows가 티엔다 가족에게 장식용 작은 나무와 함께 아이들에게 생활용품을 하나씩 선물로 주었다. 티엔다네 아이들은 엄마 잃은 상실감을 예전보다 더 깊이 느꼈다.

마르타는 반짝이는 검은색 에나멜가죽 구두를 갖고 싶었다.
그러나 더 실용적인 검고 하얀 새들 슈즈(오른쪽)를 갖게 되었다.

토비와 베아트리체는 1959년 9월에 결혼했다.

마침내 아이들에게 돌봐줄 엄마가 생긴 것 같았다.

멋진 새 드레스를 입고 에나멜가죽 구두를 신은 마르타, 매기, 이레네, 글로리아(위 왼쪽부터 시계 방향). 새엄마는 아이들의 아버지와 결혼할 때 아이들에게 새 옷과 새 신발을 사주었다.

4장

폭풍우 피난처

1958년 여름, 지역 무도회에서 토비는 베아트리체 스무트Beatrice Smoot라는 멕시코 여자를 만났다. 베아트리체의 가족은 멕시코 혁명의 여파를 피해 웨스트버지니아주로 거처를 옮겼고 그녀는 거기서 자랐다. 그녀의 아버지는 석탄 광산에서 일했다. 베아트리체에게는 그녀와 전 남편 사이에서 낳은 열세 살 된 아들 잭Jack이 있었다.

토비와 베아트리체는 1959년 9월에 결혼했다. 마침내 아이들에게 그들을 돌봐줄 엄마가 생긴 것 같았다. 베아트리체는 지역 유제품 가게(작은 식료품 가게)에서 일하고 있어서, 가족의 수입은 더 많아졌다.

베아트리체는 풍채가 좋았고 그만큼 씀씀이도 커서 좋은 사람

크리스마스에 마르타와 가족들은 행복한 시간을 보냈다.

처럼 보였다. 딸 모두에게 결혼식에 입을 멋진 새 드레스를 사주었고, 마르타도 에나멜가죽 구두를 갖게 되었다.

새 가족과 맞게 된 첫 번째 크리스마스 때 티엔다 가족은 진짜 크리스마스 트리를 가지게 되었다. 예쁜 포장지로 싼 선물들이 크리스마스 트리에 주렁주렁 매달려 있었다. 아이들 모두 선물을 듬뿍 받았다. 최고의 크리스마스였다.

토마토 따는 사람

좋은 시간은 오래가지 않았다. 이듬해 여름, 마르타의 아버지는 제철소 파업으로 직장을 잃었다. 토비는 1957년산 포드 스테이션 웨건에 가족을 싣고 미시간 동부 몬로Monroe로 집을 옮겼다. 거기서 파업이 끝날 때까지 토마토 농장에서 일할 계획이었다.

티엔다 가족은 농작물을 따는 일을 하며 두 번의 여름을 보냈는데, 그중 첫 번째 여름이었다. 마르타와 형제자매들은 아버지와 함께 매일 토마토 농장으로 갔고, 임신한 베아트리체는 일꾼들 가족이 기거하는 판잣집 한 곳에 머물렀다.

그들은 동 트기 전에 일어나 자줏빛 무늬가 어린 하늘을 보며,

바구니나 자루를 들고 들판으로 나갔다. 마르타와 매기는 늘 같이 일했다. 몹시 고된 일이었지만 돈을 벌기 위해 한 사람당 아침에 토마토 10펙(약 75리터), 오후에 10펙 이상의 할당량을 채워야 했다. 잘 익은 토마토가 깨지지 않도록 조심해야 했다. 깨진 토마토를 누가 사겠는가.

작업 현장을 떠나면서 마르타는 농장주의 거대한 흰색 집을 쳐다보곤 했다. 높은 현관과 기둥이 있는 집이었다. 내부는 어떻게 생겼을까? 어떤 사람들이 살고 있을까? 자기 같은 아이들일까, 아니면 생판 다른 아이들일까? 마르타와 가족들이 지내는 오두막과 비교하면 농장주의 집은 성채 같았다. '저런 집에 살려면 정말 부자가 되어야 해.' 마르타는 생각했다.

토마토 농장에서 장시간 일하고 난 다음에는 녹초가 된 흙투성이 몸을 공용 실외 펌프장에서 씻었다. 판잣집에는 수돗물이 없었다. 철판을 달구어 저녁밥을 지었다. 판잣집에는 부엌도 없었다.

품삯을 받기 전, 따 모은 콩의 무게를 재려면 줄을 서야 했다. 마르타가 딴 토마토도 마찬가지였다.

식사가 끝나면 마르타 가족은 대부분이 멕시코계인 다른 이주 가족들과 함께 모닥불에 둘러앉았는데, 다들 너무 지쳐서 거의 대화할 수가 없었다. 어떤 사람들에게는 이것이 삶의 방식이었다. 그러나 마르타에게는 학교로 돌아가기 전에 거쳐야 할 또 다른 시험이었다.

집에서 겪는 어려움

아기 레이날도Reynaldo가 태어나자, 마르타는 새엄마와 사이가 급격히 안 좋아졌다. 베아트리체는 임신 기간에 몸무게가 많이 늘어 매일 인슐린 주사(호르몬 약)가 필요한 임신성 당뇨에 걸렸다. 그녀는 걷기도 힘들어 일할 수조차 없었다. 고통이 계속 심해져 레이날도를 돌볼 겨를이 없는 것 같았다.

아이를 돌보는 일은 티엔다 아이들에게 떨어졌고, 마르타와 매기는 부모가 해야 마땅한 일 몇 가지를 떠맡았다. 둘은 방과 후에 친구들과 노는 대신, 아기를 돌보러 매일 집으로 뛰어가야 했다.

하트윅 거리에 있는 조그만 집에서, 긴장감은 계속 고조되었다. 침실 두 개짜리 집은 전보다 작아 보였다. 지금은 베아트리체, 잭, 레이날도까지 더해진데다, 가끔 베아트리체의 엄마까지 합세할 때면 미어터질 것 같았다. 매일 아침마다 마르타, 매기, 후안 루이스, 이레네, 글로리아, 토비, 잭, 베아트리체, 베아트리체의 엄마, 이렇게 아홉 명이 집에 하나뿐인 화장실 쟁탈전을 벌여야 했다.

마르타와 자매들의 유일한 피난처는 그들이 같이 쓰는 다락방이었다. 다락방 끝에, 마르타와 매기는 옷장을 사이에 두고 각각 일인용 침대에서 잤고, 다른 쪽 끝에는 이레네와 글로리아가 침대로 개조한 소파를 같이 썼다. 처마 아래 만든 임시 침실이 소녀들의 안식처가 되었다. 베아트리체는 거의 올라오지 않았다.

"내가 그렇게 말했기 때문이지."

마르타의 집안일은 점점 늘어났고, 사악한 계모 역할을 하는 베아트리체와 산더미 같은 일 때문에 마르타는 신데렐라라도 된 기분이 들었다. 매일 마르타와 자매들이 점심을 먹기 위해 학교에서 집으로 오면, 이미 싱크대는 더러운 그릇들로 넘쳐났다.

여자아이들은 학교로 돌아가기 전에 설거지를 해야 했다. 방과 후에 집에 오면 숙제를 하기 전에 허드렛일부터 마쳐야 했다.

마르타와 매기가 늘 빨래를 담당했고, 빨랫감은 항상 쌓여 있었다. 마르타는 세탁기와 건조기를 사달라고 했지만 베아트리체는 들은 척도 하지 않았다. 그녀는 구식 손빨래를 고집했다. 손으로 해야 빨래가 더 잘된다는 것이다. 그러나 마르타의 저려오는

마르타는 가족들 옷을 빨 때 손빨래를 해야 했다. 마르타는 옷을 빨랫줄에 널어 말렸다.

팔은 그 말에 동의할 수 없었다. 겨울철에는 지하실을 가로지르는 빨랫줄이 건조기 역할을 했다. 여름철에는 밖에다 빨래를 널었다.

토요일에 영화 보러 가고 싶으면, 티엔다네 아이들은 미리 탈출 계획을 세워야 했다. 그들은 일찍 일어나 거실을 닦고, 빨래를 하고, 티셔츠와 속옷까지 조심스레 다리미질을 하곤 했다. 그러고 나서 샴푸를 살 형편이 아니었기에, 아이들은 눈이 따끔거리는 빨랫비누로 머리를 감고, 베아트리체가 뭔가에 화가 나서 채찍을 휘두르기 전에 얼른 문 밖으로 빠져나왔다. 베아트리체는 소몰이 채찍을 멕시코에서 가져왔는데, 아이들에게도 주저 없이 휘둘러 댔다. 후안 루이스가 그 채찍에 가장 아파하는 것 같았다.

베아트리체는 여자아이들이 채석장에서 동네 아이들과 수영하는 것도 허락하지 않았고, 투피스 수영복이나 짧은 치마도 입지 못하게 했다. 마르타가 새엄마에게 왜 우리는 친구들이 하는 것들을 할 수 없느냐고 묻자, 베아트리체는 이렇게 퉁명스럽게 대답했다. "왜냐하면 내가 그렇게 말했기 때문이지."

루실 페이지

티엔다네 아이들은 그동안 견뎌왔던 베아트리체의 가혹함에 맞서 똘똘 뭉쳤다. 마르타와 매기는 그들 자신과 여동생들을 위해 옷을 꿰맸다. 마르타는 글로리아의 머리를, 매기는 이레네의 머리를 빗겨주었다.

후안 루이스는 모든 사람의 신발을 닦았다. 매기와 마르타는 아침 식사로 따뜻한 시리얼을 만들었다.

마르타는 후안 루이스에게 동지 의식을 느꼈다. 학교를 같이 다녔고, 베아트리체가 동생을 괴롭힐 때마다 동생 곁에 있어주었다.

티엔다네 이웃집에는 루실 페이지Lucille Page라는 여자가 살았는데, 그녀는 줄곧 아이들의 편을 들어주었다. 베아트리체가 사악한 계모라면, 루실은 동화 속 주인공을 도와주는 요정 같은 존재였다. 루실과 마르타는 반항적이라는 점에서 서로 비슷했다. 예

위 사진 : 1960년에 부활절 일요일에 한껏 옷을 갖춰 입은 마르타가 카메라를 보며 웃고 있다.
오른쪽 사진 : 새엄마 때문에 점점 삶이 힘들어지자 마르타는 이웃집 여인 루실 페이지에게 의지하며 위로를 받았다.

를 들어, 루실은 더 젊었을 때 부모의 반대를 무릅쓰고 대학교에 진학했다. 루실의 부모는 당시 많은 사람들이 그랬듯이 여자는 대학 교육을 받을 필요가 없다고 생각했다.

마르타는 루실이 자기를 이해해준다는 느낌을 받았다. 루실은 학교에서 마르타가 잘할 수 있도록 격려했고, 집으로 가져온 모든 알림장을 면밀히 살펴보았다. 그녀는 새엄마에게 당한 마르타의 끔찍한 경험담에 귀를 기울이며 종종 맞장구를 쳐주었다. 그렇게 루실은 베아트리체의 잦은 감정 폭발과 위협으로부터 안전한 피난처 노릇을 해주었다. 그중에서도 가장 중요한 것은, 루실은 마르타를 섣불리 평가하지 않았다는 점이다.

마르타의 보호자를 넘어 루실은 마르타의 롤모델이었다. 마르타는 커서 루실과 같은 사람이 되고 싶었다. 개인용 컴퓨터가 출현하기 20년 전, 그러니까 인터넷이 사용되기 30년 전, 루실은 훌라후프와 트래픽 콘 같은 플라스틱 제품을 생산하는 회사의 회계사로 일했고 컴퓨터를 잘 다루었다. 루실은 자신이 세운 인생의 목표를 성취하기로 마음먹었다. 그녀는 낮에는 일하고, 밤에는 대학교 수업을 들었으며, 1960년대 미국 사회에서 '성공의 지표'라 할 수 있는 캐딜락을 몰았다.

마르타는 루실의 세련된 하이힐에 영향을 받지 않을 수 없었다. 그 멋진 구두는 패션 그 이상이었다. 그것은 여자가 똑똑하고, 성공했으며, 멋지다는 증거였다.

마르타는 아버지의 집요한 메시지를 마음에 새겼다.

"학교생활을 잘하는 것은

더 나은 삶으로 향하는 입장권이란다."

허프 중학교에서 마르타는 수학과 과학의 즐거움을 알게 되었다. 선생님은 잘해보려는 마르타의 마음가짐을 알아챘고, 수업 때 용기를 북돋아주었다.

5장

시작된 꿈

가정생활은 마르타와 그녀의 형제자매들에게 가혹한 것이었다. 그들은 성공하기 위해 학교에 가야 했다. 마르타와 남동생 후안 루이스는 아버지의 집요한 메시지를 마음에 새겼다. “학교생활을 잘하는 것은 더 나은 삶으로 향하는 입장권이란다.”

마르타는 성적이 좋았다. 7학년 때쯤, 수학과 과학은 그녀에게 특별한 기쁨을 전해주었다. 그녀는 문제에 직면하고 그 해결책을 찾는다는 생각 그 자체가 좋았다. 그녀는 과학적 방법론에 대해 배웠다. 과학자는 종종 어떤 것에 대해 질문을 던지고 그 질문에 답하기 위해 관련 증거를 찾는다. 그녀는 흔히 데이터라고 하는 정보와 사실들을 수집하고 그것들을 분석하는 작업의 중요성을

허프 중학교.

배웠다.

마르타는 수에 담긴 의미를 찾기 시작했다. 마르타가 보기에, 수는 비밀을 가졌다. 수학과 과학은 그 비밀을 푸는 열쇠였다.

어느 날, 학교 숙제 중 하나가 잡지에 실린 과학 기사를 가져오는 것이었다. 그러나 티엔다의 집은 어떤 잡지도 구독하지 않았다. 그러면 마르타는 어떻게 숙제를 했을까? 이웃에 사는 메리 필즈Mary Fields는 〈생명*Life*〉이라는 잡지 더미에서 낱장을 가져가게 해주었는데, 마르타는 거기서 간염(간 질환)과 그것을 치료하기 위한 연구 관련 기사를 하나 발견했다.

마르타는 그 기사를 오려 수업에 가져갔다. 선생님이 그것을 좋아했을 뿐만 아니라 그 수업의 모범 사례로 꼽았다.

올림머리 만들기

마르타는 수학과 과학에 매력을 느꼈지만, 집이 가난했기 때문에 앞으로의 직업을 정하는 데에도 선택의 폭이 좁았다. 중학생이었을 때, 마르타는 자라서 미용사가 되려고 했다. 그녀는 이웃 여성들의 머리를 예쁘게 만져주는 것을 좋아했고, 그 일로 용

가족이 모였을 때 찍은 사진. 8학년인 마르타는 드레스를 입을 기회를 놓치지 않았다.

돈을 벌었다. 이웃 중 무어Moore 아줌마는 핀을 꽂아 자기 머리를 올려주는 대가로 마르타에게 25센트를 주었다. 초록색 젤을 사용하면 10센트를 추가로 더 받았다.

마르타가 잘하는 것 중 하나는 1960년대에 유행한 올림머리였다. 마르타는 손님의 머리칼을 빗으로 높이 올려 가지런히 하고는 머리 윗부분을 펴서 그것이 고정될 때까지 스프레이를 뿌려서, 당시 유행하던 벌집통 모양처럼 머리 스타일을 만들었다. 마르타는 사람들을 도울 수 있는 일이라면 기꺼이 자신의 재능을 사용

마르타가 허프 중학교에서 보낸 시간은 자각의 시간이었다. 마르타는 자신의 재능, 흥미, 잠재력이 향상되는 것을 느꼈다. 대학교 진학은 그녀가 할 수 있을 뿐 아니라 또 해야만 한다는 것을 깨달았던 시절이었다.

했다. 마르타가 머리를 만져주면 손님들은 항상 만족해했다.

마르타 본인의 머리에 관해 이야기를 해보자. 그녀는 숱이 많고 너무 곱슬머리라서 아무도 머리를 해줄 수 없었다. 머릿결을 부드럽게 하기 위해 그녀가 알고 있는 방법 한 가지는 밤에 주스 캔으로 머리를 말고 자는 것이었다. 아침에는 후안 루이스가 아이롱 기계로 머리를 펴주었다.

가능성으로 충만한 세상

마르타가 허프 중학교에 다니면서부터는 이웃 사람들을 매력적으로 꾸미는 일을 할 수 없었다. 허프 중학교는 막스 푸안 초등학교 때와는 무척 달랐다. 학교는 굉장히 컸고, 3층으로 이어지는 계단이 있었다. 시간이 지나자, 교실을 찾아가는 것과 사물함에 그녀의 짐을 넣는 것에 어느 정도 익숙해졌다.

그곳에는 나이 많은 여학생들도 있었다. 대부분 규율이 엄격한 가톨릭 학교 출신이었다. 그러나 공립중학교에 다니게 되자 상대적으로 자유분방하게 생활했고, 행동도 제멋대로였다. 보라색 아이섀도를 바르고, 딱 붙는 치마를 입고, 희한한 머리를 한 그들은 마르타를 신기한 존재로 여겼다.

영어는 마르타가 좋아하는 수업 중의 하나였다. 밀러Miller 선생님은 우아한 스웨터와 진주목걸이를 하고, 웨이브가 있는 밝은 갈색 머리를 하고 있었다. 마르타가 똑똑하고 예민하다는 것을 알아본 밀러 선생님은 그녀에게 친절하게 대해주었다.

밀러 선생님은 마르타가 얼마나 열심히 공부하는지 알고 있었고, 그런 기질 덕분에 마르타는 반에서 앞서나갔다. 밀러 선생님은 마르타의 도전 의식을 길러주고 싶어서, 마르타가 수준 높은 공부를 할 수 있게끔 교실 뒤쪽 구석에 자리를 따로 마련해주었다.

몇 주 동안 다른 학생들이 정규 교육 과정에 따라 수업을 들을 때, 마르타는 교실 구석진 곳에 앉아 혼자 심화 과정을 공부했다.

어느 날, 밀러 선생님은 마르타에게 'running', 'thinking'과 같이 동사를 명사처럼 사용하는 동명사에 대해 보충 학습을 하라고 시켰다. 마르타는 굉장히 집중을 하고 있어서 밀러 선생님의 구두 소리에 깜짝 놀랐다. 선생님이 마르타의 과제를 훑어보고 있을 때, 마르타는 모든 것이 맞았기를 조용히 기도했다. 마르타가 밀러 선생님을 올려다 보았을 때, 선생님은 아득히 먼 곳을 바라보고 있었다. '선생님은 뭘 생각하고 계실까?' 마르타는 궁금했다. 그때 밀러 선생님이 마르타 옆의 빈 책상에 앉았다.

"마르타, 너는 학교 졸업한 다음에 뭘 하고 싶니?"

"미용사가 되고 싶어요." 마르타가 대답했다.

"미용사? 왜 미용사가 되고 싶은데?"

"제가 아주 잘하는 일이거든요. 저는 그 일이 좋아요."라고 마

Wednesday, June 3, 1964 The Lincoln Parker, The

—The Mellus Newspapers' Photo

GETTING ANSWERS—Bill Schenk and Martha Tienda, eighth-graders in George Moore's science classes at Huff Junior High School, Lincoln Park, were among Moore's pupils who conducted a door-to-door survey Thursday and Friday to discover how many residents smoke or chew tobacco. They are shown interviewing Mrs. Roderick McGathen, of Lincoln Park. The survey was made in conjunction with a science unit on "The Use of Tobacco and Its Effects on the Human Body." Some 900 persons were interviewed.

당시에는 몰랐지만, 마르타가 8학년 때 과학 수업 시간에 사용하려고 방문 조사를 진행했던 것이 바로 사회학 작업이었다. 마르타의 연구 프로젝트는 지역 신문에 실렸다.

르타가 자랑스럽게 말했다.

"그런데 대학교에 가고 싶지는 않니?"

대학? 마르타에게는 전혀 가능성이 없었다. 마르타의 아버지는 항상 자신이 이루지 못한 고등학교 졸업을 인생의 목표로 이야기했다. 그는 자신의 꿈의 일부이기도 했던 대학교에 대해서는 아이들에게 언급한 적이 없었다. 그래서 마르타는 고개를 저으며 말했다. "아니요."

"너는 똘똘한 아이잖아."

"대학교는 부자들만 가는 데예요." 마르타는 간단히 말했다.

속상하지도 않았다. 마르타 생각엔 당연했다. 마르타는 자기가 반 친구들보다 더 가난하다는 것을 알고 있었다.

그때 밀러 선생님은 마르타 티엔다의 삶을 뒤흔들지도 모를 말을 던졌다. "마르타야, 장학금을 받으면 되잖니?"

마르타도 장학금을 받으면 대학교에 진학해서 공부할 수 있다는 건 알고 있었다. 그렇지만 그 장학금을 실제로 받을 수 있다고? 그것은 그녀에게 비행기를 타고 화성에 가는 것만큼이나 말이 안 되는 얘기 같았다. 하지만 마르타가 가장 좋아하는 밀러 선생님이 대학교에 진학할 기회가 있다고 알려주었던 것이다.

미용사가 되려던 마르타의 꿈이 그녀에게 갑자기 대수롭지 않아 보였다. 미용사 대신, 그녀는 가족 중에서 최초로 대학생이 되겠다고 다짐했다. 마르타는 졸업 가운을 입고, 학사학위를 받기 위해 무대를 걷는 자신의 모습을 상상해보았다. 그녀는 객석에 앉아 딸이 이룩한 성취를 자랑스러워하며 미소 짓는 아버지 모습을 떠올렸다.

배려심 많은 선생님의 말 몇 마디 덕분에 마르타는 가능성으로 충만한 세상을 볼 수 있게 되었던 것이다.

그녀는 가족 중에서

처음으로 대학교에 진학한 사람이 되었다.

마르타의 아버지는 1968년 6월에 딸이 고등학교를 졸업하는 날 더할 나위 없이 그녀를 자랑스러워했다.

6장

마르타의 사명

1965년 가을, 링컨 파크 고등학교에 들어갈 때까지, 마르타는 좀 더 자율적인 생활을 간절히 원했다. 옷도 더 멋지게 차려입고 학교 댄스파티에도 가고 싶었고 데이트도 하고 싶었다.

하지만 새엄마는 생각이 달랐다. 새엄마 베아트리체는 마르타가 멕시코 시골에서 사는 십대들처럼 고립된 생활을 해나가길 바라는 것 같았다. 마르타가 뭔가 요구할 때마다 "안 돼." 라는 대답이 자동으로 나왔다.

졸업 학년이던 1968년, 마르타는 연구 논문을 쓰기 위해 디트로이트에서 멀지 않은 웨인

마르타의 졸업 앨범 사진.

위 사진 : 고등학교에서 보인 마르타(앞줄 가운데)의 활약과 리더십은 보상을 받았다. 그녀는 우등생 클럽National Honor Society에 가입했다. **왼쪽 사진** : 마르타(왼쪽에서 네 번째)가 GAA 친구들과 같이 놀고 있다.

Wayne 주립대학교 도서관에 갔다 와야 했다.

"왜 거기까지 가야 하니?" 베아트리체는 그녀에게 따지듯이 물었다. "언니 오빠들은 동네 도서관에만 가도 충분했잖니. 너도 그렇게 하렴."

그러나 마르타에게는 충분치 않았다. 동네 도서관에는 그녀가 찾는 정보가 없었다.

사실, 마르타의 포부는 엄청났다. 타고난 운동 감각은 부족했지만 팀 스포츠 활동에 열정적으로 참여하여 4학년 때 200명 규모의 여학생 운동 협회Girls' Athletic Association(GAA)의 회장으로 뽑혔다. GAA 일이라면 뭐가 됐든 마르타는 팔을 걷어붙이고 나섰다.

훌륭한 운동선수는 아니었지만, 그녀는 자신이 속한 축구, 배구, 소프트볼, 야구팀을 승리로 이끌었다.

친구들은 활달하고 리더십도 있는 마르타를 따랐다. 친구들은 늘 마르타와 같은 팀이 되길 바랐다.

또한 그녀는 항상 또래들과 함께했다. 방과 후면 이웃의 어린아이를 돌보거나, 한 바구니에 5달러인 다림질을 하거나, 약국 계산대에서 일을 하기도 했다. 그러고 나서 밤 10시 30분쯤 집으로 돌아와 열심히 공부했다. 어떤 사람들은 그녀가 명석하다고 했다. 그러나 마르타는 그렇게 생각하지 않았다. 그녀는 열심히 공부했고 해야 할 일을 마칠 때까지 멈추지 않았다.

한계에 도전하기

마르타가 노력하는 것을 모든 사람이 칭찬하지는 않았다. 베아트리체는 수양딸의 포부를 괘씸하게 여겼으며, 마르타에게 끊임없이 이를 각인시켰다. "허구한 날 대학 얘기로구나. 다 키워놓으면 시집이나 가버릴 계집애가 말이야!"라며 비아냥거렸다. 자신의 주장을 펼치며, 베아트리체는 마르타에게 눈곱만큼의 자유도 주지 않았다. 마르타 역시 대들고, 고집 부리면서 대놓고 베아트리체의 말을 듣지 않았다.

마르타와 후안 루이스는 계모 때문에 삶이 힘들어질 때마다 서로 의지했다.

마르타는 매기가 다리에 난 털을 감추기 위해 무릎까지 오는 양말을 신고 긴 치마를 입는 것을 보며, 매기가 느꼈을 수치심에 화가 났다. 마르타는 참을 수가 없었다. 학교의 다른 여학생들은 다리를 면도하는데 왜 매기는 안 되지? 그래서 마르타는 자신의 다리를 면도했다. 베아트리체가 집에서 금지하는 행동이었다. 계모에게 들키면 문제가 되겠지만 실제로 면도를 해버리고 나면 계모가 할 수 있는 것은 없었다.

어느 날 계모가 마르타에게 꽃병을 던지자, 마르타는 남동생과 함께 차를 몰고 도망치기로 결심했다. 일 년 전 자동차 면허를 딴 마르타는 남동생을 태우고 교회로 가서 목사에게 도움을 청했다. 목사는 과연 안전한 장소를 마련해주었을까?

목사는 동정심을 갖고 마르타와 동생의 이야기를 들어주었지만 도와줄 준비는 전혀 되어 있지 않았다.

마르타와 후안 루이스는 정처 없이 몇 시간 동안 차를 몰았다. 그러고 나서 아무런 희망이 보이지 않자 낙담한 채 집으로 향했다.

마침내 베아트리체가 아이들을 학대하는 것을 알게 된 토비는 이런 지경에까지 이른 것에 대해 매우 후회했다. 아버지는 마르타에게 말했다. "미안하구나. 나는 너희에게 엄마가 생겼다고 생각했단다. 이렇게 하는 게 옳은 일이라고 생각했지."

대학 입학을 앞두고

링컨 파크 고등학교 졸업 연도에 마르타는 미시간 주립대학교에만 지원서를 냈다. 전교생 600명 중에서 3등으로 졸업할 정도로 우수했지만, 진로 담당 교사는 그녀에게 대학 입학을 추천하지 않았다. 링컨 파크 고등학교 아이들 대부분은 대학교에 가지 않

마르타, 루디 로시(고등학교 때 가장 친한 친구)와 그들의 데이트 상대들이 졸업 무도회에 참석하기 위해 한껏 멋을 부렸다.

았다. 아마도 진로 담당 교사는 마르타처럼 남다른 장래성을 가진 학생들에게 조언하는 것에는 익숙하지 않았기 때문일 것이다.

그래도, 미시간 주립대학교로부터 입학 통지서를 받으니, 마르타는 대학교에 갈 생각에 흥분된 마음을 감출 수가 없었다. 마르타는 저소득층 학생을 대상으로 한 주 정부 장학금으로 입학금을 충당했고, 고등학교 졸업 학년 내내 또 여름방학 동안 풀타임으로 일해서 번 돈으로 입학금 외에 필요한 비용을 마련했다. 그녀는 가족 중 처음으로 대학교에 진학한 사람이 되었다.

타고난 책벌레

마르타는 1968년 가을, 미시간 주립대학교 이스트랜싱East Lansing 캠퍼스에서 공부를 시작했다. 고등학교 동창이자 가장 친한 친구 루디 로시Rudee Rossi는 다른 여학생 두 명과 함께 대학 1학년 때 마르타의 룸메이트였다.

마르타와 고등학교 친구 루디 로시는 미시간 주립대학교 1학년 때 마르타와 같은 방을 썼다.

캠퍼스에 도착한 그들은 병동처럼 보이는 무미건조한 기숙사 방을 최선을 다해 꾸몄다. 루디는 재봉틀을 가져왔고, 다른 두 친구는 빠듯한 예산으로 방을 장식했다. 녹색 캐노피로 2층 침대를 덮었고, 어울리는 침대보를 추가했으며, 벗겨진

타일 바닥을 숨기려고 녹색과 청록색 털이 수북한 깔개를 깔았다. 펑키하고 편안한 거실은 기숙사에서 화제가 되었다.

루디는 주말마다 링컨 파크에 있는 집으로 갔지만 마르타는 가지 않았다. 일단, 그녀가 집에 가기만 하면 계모와 끊임없이 싸웠기 때문이다. 마르타가 집 밖에서 독립적인 생활을 하면 할수록 계모 베아트리체는 점점 더 화를 냈다. 또 다른 이유는 마르타가 공부하느라 바빴기 때문이다. 마르타는 그냥 잘하는 것으로 그치지 않고, 더 잘하고 싶었다. 과제를 끝냈을 때 그녀는 종종 교수님이 지나가는 말로 언급한 자료를 찾아보고 읽기도 했다. 성공을 향한 강렬한 의지로 그녀는 더 열심히 공부했고, 1학년과 2학년 때 거의 A 학점을 받았다.

냉혹한 현실

마르타는 뚜렷한 꿈을 가지고 공부하기 시작했다. 언젠가는 링컨 파크 고등학교로 돌아가 스페인어를 가르치는 선생님이 되고 싶었다. 그녀는 고등학교 때 자신을 가르쳤던 스페인어 선생님들보다 더 나은 선생님이 되고 싶었다. 교사들은 언어는 이해했을지 몰라도 열정이 부족했고, 마르타 입장에서는 그들의 수업이 피부에 와 닿지 않았다.

고등학교 스페인어 수업 때의 마르타(가운데, 푸른 셔츠)와 친구들. 그녀가 고등학교 수업에서 경험했던 좋은 점과 나쁜 점이 스페인어를 가르치는 데 영향을 끼쳤다.

마르타는 교사 자격증을 딸 수 있는 과목과 함께 스페인 문학 수업을 들으면서 꿈을 키우기 시작했다. 교사가 되려고 하는 사람은 학교를 방문해서 다른 선생님들의 모습을 참관하고, 한 학기 동안의 교생 실습 과정을 거쳐야 했다. 예비 교사들은 이 과정을 통해 교실 현장을 경험할 수 있었다. 이것은 가르치는 것이 자신의 적성에 맞는지도 알려준다.

미시간 주립대학교 3학년 봄에, 마르타는 미시간주 샬럿 Charlotte 외곽에 있는 작은 고등학교에서 9학년과 10학년 학생들에게 스페인어를 가르쳤다. 크나큰 열정을 품고 시작했지만 그녀는 직접 목격한 것 때문에 마음이 힘들었다. 몇몇 교사는 자신의 직업에 대해서 꿈이 없어 보였고, 가르치기 힘든 아이들을 포기했다. 다른 교사는 대화에 사용하는 단어를 사용하지 않고 알파벳 순서로 어휘 목록을 암기하도록 시켰다. '이것은 교육이 아니야'라고 생각하니 마르타는 분통이 터졌다.

그녀는 좀 더 긍정적인 사례를 떠올렸다. 그녀가 10학년 때 그녀를 가르친 스페인어 선생님은 에네디Enedy였다. 마르타는 스페인어를 말할 수는 있었지만 쓰는 방법을 잘 몰랐고, 어휘력이 떨어졌다. 에네디 선생님은 기본적인 것보다 더 많이 가르쳤다. 그녀는 스페인 문화를 집중적으로 가르쳤고, 학생들이 상황에 맞게 언어를 사용하도록 가르쳤다. 그녀는 학생들이 표현하고, 맘껏 해볼 수 있도록 용기를 북돋아주었다.

마르타가 교생 실습을 나갔던 고등학교에서 그런 창의성을 보여준 선생님은 오직 한 사람뿐이었다. 놀랍게도 그 선생님은 교육과정을 충실히 따르지 않았다고 해고당했다. '해고라고? 창의적인 교사여서?' 마르타는 좋지 않은 교육을 참아내는 시스템의 일부가 되고 싶지 않았다. 마르타가 겪은 부정적인 경험 탓에, 그녀는 링컨 파크로 돌아가 스페인어를 가르치겠다는 자신의 꿈을 다시 생각하게 되었다. '어쩌면 교사는 내게 맞는 직업이 아닐지도 몰라. 그렇다면 무엇을 하지?'

마르타는 질문에 답을 갖고 있지 않았지만 확실한 것 하나는 알고 있었다. 그녀가 무엇을 선택하든 자신이 사람들의 삶에 변화를 주고 싶어 한다는 것을 말이다.

마르타는 '그들에 맞서는 우리'라는 태도를

발견하고 고민에 빠졌다.

1971년 여름, 마르타는 이주 노동자의 푸드 스탬프 수급 자격을 심사하는 업무를 맡았다. 사람들은 식료품을 구입할 때 그 쿠폰을 사용했다. 노동자들을 만나 면담할 때면, 마르타는 가족이 생각났다.

7장

보너스 지급일

"축하합니다."라고 수화기 너머에서 소리가 들렸다. "미시간주 농무부에서 일하게 되었습니다." 대학 3학년 생활이 끝나갈 무렵이었다.

마르타는 이 특별한 일에 자신이 지원했는지 기억이 나지 않았지만 열정을 담아 대답했다. "감사합니다. 언제 시작하죠?"

마르타의 마음에서 우러나온 열정은 보상이 뒤따랐다. 이스트랜싱 캠퍼스에서 320킬로미터가량 떨어진 미시간주 북쪽의 앨피너Alpena에서 하는 일은 흥미가 있을 것 같았다. 그것은 또한 여름에 베아트리체로부터 벗어나 마르타 혼자 살 수 있다는 것을 의미했다.

1971년 5월, 수업이 끝난 직후 마르타는 친구 루디와 함께 앨피

식료품을 구입할 때 사용하는 쿠폰.

너로 떠났다. 루디는 주말에 머무르면서 마르타가 원룸으로 입주하는 걸 도와주었다. 미시간 주립대학교에서 기숙사를 꾸몄던 것처럼 마르타와 루디는 원룸을 내 집처럼 편안하게 만들었다.

다음 주 월요일, 마르타는 앨피너에 있는 주 정부 건물로 출근했다. 거기서 그녀가 할 일은 이주 노동자들에게 푸드 스탬프 수급 자격을 부여하는 것이었다.

마르타가 노동자들을 면담하고 서류 작성 작업을 도와줄 때, 그녀의 상관인 지역 사회 복지 담당관이 가끔씩 들렀다. 담당관은 이주 노동자들을 존중하는 사람이었다.

그는 이주 노동자들이 얼마나 열심히 일하는지 알고 있었다. 그는 가끔 '보너스 데이즈(보너스 지급일)'라고 큰 소리로 외치면서 그들을 맞이했다. '보너스 데이즈'는 "부에노스 디아스(영어로 굿모닝)"를 잘못 발음한 엉터리 스페인어 인사였다. 그 인사에 아무

가족이 푸드 스탬프로 구입한 식료품을 가득 안고 집으로 돌아오고 있다. 미시간주 앨피너에서 마르타가 한 일은 저소득층 가족이 식탁에 음식을 차릴 수 있도록 도와주는 것이었다.

말도 하지 않을 만큼 예의 바른 멕시코인들은 미소를 지었다.

실제로 마르타는, 담당관 말마따나, 노동자들에게 푸드 스탬프를 주는 것을 '보너스 지급일'이라고 부르는 것이 옳다고 여겼다.

그들에 맞서는 우리

미국 독립기념일 기간 동안, 이주 노동자들은 기념 행사에 참석하려고 픽업트럭을 몰며 앨피너로 모여들었다. 정신없이 일한 후인지라 마르타도 축제 분위기를 즐기며 여유를 찾고 싶었다. 얼마 후 지역 주민 일부가 이주 노동자들을 화나게 했다는 사실을 알게 되었다.

처음에는 친절하게 대했던 한 여자가 마르타에게 어떤 일을 하느냐고 물었다.

"이주 노동자들에게 푸드 스탬프를 나누어주고 있어요."라고 대답했다.

그 여자는 레몬이라도 씹은 것처럼 얼굴을 찡그렸다. "그 사람들은 여기에 와서 공짜로 집도 갖고, 먹을 것도 받지요. 우리는 그런 거 안 받아요."

다른 주민이 대화를 듣다가 끼어들며 불만을 쏟아냈다. "이주 노동자들이 크고 멋진 픽업트럭을 몰고 나타났다니까요. 우리야

미시간에 있는 농장에서 딸기를 따는 노동자. 농장에서 일했던 마르타는 등골이 빠질 만큼 고된 일은 물론, 수확 노동자들이 견뎌야 하는 어려움을 직접 설명할 수 있었다.

그런 차를 가질 능력도 없지."

"뭘 모르시네요." 마르타가 대답했다. "저 사람들은 여름에 일해서 번 돈으로 일 년 내내 살아가야 해요. 물론 좋은 트럭을 샀지만, 주를 넘나들며 이사 다니고 직업을 전전하려면 트럭이 필요해요. 트럭 없이는 아무 일도 못 하죠."

마르타의 대답은 자신과 가족의 경험으로부터 나왔다. 그녀는 본인이 그런 데에서 살았기에 앨피너의 주민들에게 '뜨내기 일꾼들의 주거지'가 얼마나 더러운 오두막집 같은지 말하고 싶었을지도 모른다. 마르타는 이렇게 '그들에 맞서는 우리'라는 태도를 발견하고 고민에 빠졌다.

법이 잘못되었을 때

2주간 일하고 나자, 바쁜 일들이 지나고 마르타는 여유를 찾았다. 그녀는 노란색 미시간주 표시가 문에 달린 파란색 포드 세단을 사서 딸기 농장 사이로 난 평평하고 구불구불한 길을 운전했다. 그녀는 과일을 따는 사람과 농장주를 방문해 그들의 삶에 대해 좀 더 조사해보고 싶었다.

놀랍게도, 어떤 농장주는 마르타를 집에 초대하기도 했다. 그들이 사는 집은 마르타가 어렸을 때 상상했던 성채와는 차이가 있었다. 농장주들은 비록 그들이 고용한 이주 노동자보다 더 잘살기는 했지만 대부분 부자하고는 거리가 멀다는 사실을 마르타는 알게 되었다. 그들의 집안 살림살이는 검소했으며, 계속 자신들이 근근이 살아가고 있다고 말했다.

게다가 신설된 연방법과 주법에 따르면, 농장주는 이주 노동자를 고용하기가 어려워졌다. 그 법안의 목적은 분명했다. 영어를 거의 못해서 주거 환경과 노동 조건에 대항할 힘이 없는 노동자의 삶의 질을 향상시키기 위해 만들어진 법안이었다. 노동자들의 집은 대개 비좁고 비참했다. 이 신규 법안은 노동자 가족 한 명당 최소한의 공간을 가져야 한다고 규정하고 있었다. 만약 가족 수가 많아, 더 넓은 집이 제공돼야 하는 노동자라면 농장주는 그 노동자를 고용할 수 없었다.

신규 법안이 시행된 결과, 어떤 노동자들은 오랜 기간 과일 또는 야채를 땄던 농장에서 해고당했다. 농작물 수확에 꼭 필요한 노동자들을 고용하지 못하는 농장주들도 생겼다. 노동자에게 제

이주 노동자들이 '무상' 숙소 앞에 서 있다. 이런 시설은 늘 유지·보수가 잘 이루어지지는 않았다.

공할 집이 없었기 때문이다.

농장주들은 작물을 거둘 노동자가 필요했다. 딸기 같은 농작물은 수확 기간이 짧으며 일일이 손으로 따야 한다. 노동자들은 먼 거리를 오가며 베리류를 땄고, 그렇게 번 돈으로 연말까지 살아갔다. 이주 노동자들을 보호하려고 만든 법이 오히려 일을 할 수 없게 만든다면, 노동자들의 삶은 전보다 좋아지기는커녕 더 나빠질 것이다.

마르타는 농장주와 노동자 모두 이야기를 나눈 뒤에, 양쪽의 요구 사항을 충족시킬 방법이 뭔지 고심했다. 어느 날 그녀는 피클 농장주 집에 들렀다. 그는 32헥타르 면적의 땅에 피클용 오이를 심었다. 그러나 수확할 사람을 구하지 못했다. 농장주의 아내는 부엌 식탁에 앉아 손으로 얼굴을 감싼 채 절망과 좌절감에 울고 있었다.

그 순간 마르타는 깨달았다. 노동자와 농장주의 관계는 '그들'에 맞서는 '우리'가 아니라, 우리 '모두'라는 것을. 노동자는 가족을 부양할 일이 필요했고, 농장주는 작물을 수확할 노동자가 필요했다.

"모든 사람의 목소리에 귀 기울여야 하지 않나요?"

마르타가 그해 여름에 발견한 문제는 일과 집뿐만이 아니었다. 아이가 있는 노동자는 일하는 동안 아이를 돌봐줄 곳을 찾기가 어려웠다. 방법이 있다면 어린아이를 때때로 겨우 여덟 살 정도밖에 안 되는 언니, 오빠에 딸려 학교에 보내는 것뿐이었다.

아이들 문제 때문에 이주 노동자 교육 프로그램 담당관도 곤경에 빠졌다. "날더러 뭘 어쩌라는 거예요?" 그가 마르타에게 물었다. "아이들을 돌려보내야죠. 우리가 아이들을 돌볼 수는 없잖아요."

"이 아이들을 쫓아내서는 안 돼요." 마르타가 대답했다.

"우리는 기저귀를 살 돈도 없어요. 학교라고 해서 탁아소를 운영하란 법은 없잖아요. 관계 당국과 분쟁이 일어날 수도 있어요."

"필요한 게 있으면 담당관님이 구해줘야죠. 모든 사람의 목소

이주 노동자가 딸아이와 포즈를 취하고 있다. 마르타는 이주 노동자 캠프의 부모들이 어린 자녀를 돌볼 보육 시설을 찾기 어렵다는 것을 알게 되었다.

리에 귀 기울여야 하지 않나요?" 마르타가 말했다.

생각은 숭고했지만 순진한 생각이기도 했다. 실제로 마르타는 생각을 거듭할수록 과연 무엇을 할 수 있을지 의문이 들었다. '그래. 나는 어차피 여름에만 임시직으로 일하는 스무 살 대학생일 뿐이야.'

그러나 마르타는 힘겨운 생활을 거치며 단호하게 문제를 해결해온 젊은 여성이었다. 그녀는 노동자, 농장주, 랜싱주 정부 공무원, 직장 상사 등 모든 사람이 모여 불만 사항을 주고받는 간담회를 열었다. 마르타가 그 모임을 주도한 덕분에 사람들은 당면 문제를 가지고 대화를 시도했을뿐더러 그 문제를 해결하려고 노력하기 시작했다.

그 결과 중 하나는, 학교에 탁아소 운영 허가가 났다는 것이다.

문제 해결자

탁아소를 설립했다는 것은 좋은 일이었다. 1971년 7월 24일에 지역 신문 〈앨피너 뉴스*Alpena News*〉에 사진과 함께 마르타의 성공

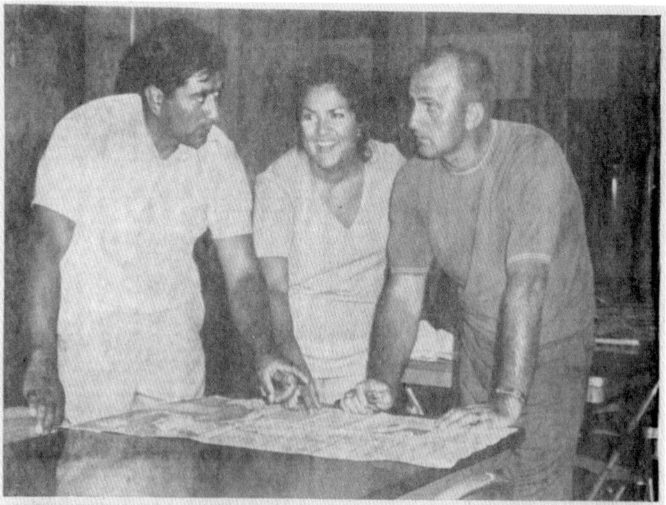

PROGRAM SUPERVISORS — Bill Romstadt, director of the Migrant Program in the Alpena area for four years, looks over a county map with Phil Mesa, who recruits children for the educational portion of the program, and Marta Tienda, Department of Social Services migrant family worker. One of the aims of the program is to seek out the migrant children in the community and encourage them to attend classes which are held at Green School during the summer.

〈앨피너 뉴스〉는 시에서 운영하는 이주 노동자 프로그램의 성공 사례를 다루면서 마르타와 상사 두 명의 사진을 기사에 실었다.

사례가 실렸다. 후속 기사에서는 사회복지국이 탁아소에서 쓸 아기용 침대와 장난감을 기증받고 있으며, 기부자는 마르타에게 연락하라고 언급했다.

그해 여름 마르타의 눈과 마음이 열렸다. 그녀는 누군가의 삶을 향상시킬 수 있는 문제 해결자가 되고 싶었다. 마르타에게는 더 이상의 확신이 필요하지 않았다. 스페인어를 가르치며 나머지 인생을 보내고 싶지는 않았다.

그러나 어떤 직업이 그녀의 천직인지는 여전히 미스터리로 남아 있었다.

"멕시코인이 갈색을 의미한다면,

그럼 나도 갈색이야.

그런데 그게 무슨 상관이래?"

미시간 주립대학교 시절 마르타는 권위 있는 사각모협회Mortar Board Society(전미 대학 졸업생으로 구성된 명예 협회)에 가입했다.

8장

첫걸음

마르타가 가을에 미시간주로 돌아갔을 때, 스페인어 담당 프랭크 피노Frank Pino 교수가 그녀에게 포드 재단의 특별 장학금을 신청하라고 귀띔해주었다. 그 장학금은 히스패닉계 학생들의 고등교육을 지원하기 위해 마련된 것인데, 이는 마르타의 마음을 불편하게 했다. 그동안 소수 민족의 일원이라는 이유만으로 장학금을 받아본 적이 없었기 때문이다. 그녀는 소수 민족이라는 꼬리표를 달았다고 특별한 혜택을 누리고 싶지는 않았다. 그 대신 근면, 좋은 성적, 업무 능력으로 인정받고 싶었다.

마르타는 대학교에 들어가서 처음 인종차별을 실감했던 순간을 떠올렸다. 1972년 겨울, 그녀는 미시간 주립대학교 신입생이던 동생 후안 루이스와 함께 있었다. 그는 히스패닉계 친구들 몇 명

지역 신문 사진작가를 위해 마르타가 동료 회원들과 함께 익살스런 포즈를 취하고 있다.

에게 마르타를 소개했다. 그 친구들은 대학교의 치카노Chicano(멕시코계 미국인) 연구 프로그램 신입 참가자를 모집하고 있었다. 그 친구들은 자신들을 언급할 때 자꾸 '갈색brown'이라는 단어를 사용했다.

"왜 자꾸 그런 말을 써?" 마르타가 물었다.

"너는 갈색이야. 마티." 젊은 여학생이 대답했다. 그녀는 검은색 긴 머리에 옅은 갈색 피부를 가졌다.

마르타는 발끈했다. 우선, '마티'라고 불리는 것이 싫었다. 둘째, 마르타는 자신이 특정 범주로 분류되는 것에 반감이 들었다. "너는 무조건 틀렸어." 그녀는 대꾸했다. "나는 갈색이 아니야. 하얗다고. 봤니?"

그녀는 자신의 피부색에 걸맞는 단어는 '흰색white'이라고 생각했다. 마르타는 자기 살갗이 가무잡잡하지 않고 얼마나 옅은지 보라며 그 여학생 쪽으로 팔을 내밀었다.

"하얗기는……. 넌 멕시코인이야." 여학생이 쏘아붙였다.

마르타는 늘 자신의 혈통을 자랑스러워했다. 그때까지 마르타는 그 혈통이 자신을 나타내는 꼬리표라고 생각하지 않았다. "좋아. 멕시코인이 갈색을 의미한다면, 그럼 나도 갈색이야. 그런데 그게 무슨 상관이래?"

일 년 뒤에 이 말다툼을 곰곰이 생각해보니, 마르타는 포드 재단 장학금이 소수 민족을 위한 '보상'이 아니었다는 걸 깨달았다. 그것은 미래를 위해 씨앗을 심어두는 기회였다. 씨앗에 영양분을 주고 자라게 하는 일은 그녀의 몫이었다. 마르타는 주말 내내 장학금 신청서를 계속 고치고 또 고쳐 썼다.

좋은 소식, 나쁜 소식

마르타는 포드 재단으로부터 소식을 기다리는 동안 미시간 주립대학교의 마지막 학기를 바쁘게 보냈다. 그녀는 또 다른 인생의 전환점을 목전에 두고, 앞으로 자신에게 펼쳐질 변화를 기대하고 있었다. 하지만 그녀가 알지 못했던 것은 가족의 삶이 얼마나 바뀔 것인가 하는 점이었다.

1972년 1월 베아트리체는 토비에게 이혼을 요구했다. 마르타의 아버지는 망연자실했다. 티엔다네 아이들은 계모가 자신들의 삶에서 나가게 되어 안도했으나 비싼 값을 치렀다.

토비가 열심히 일해 약 20년 전에 구입했던 집은 베아트리체와 토비의 공동 소유였다. 이혼에 따른 재산 분할 합의가 이루어졌을 때, 하트윅 거리에 있는 집은 베아트리체의 소유가 되었다. 토비는 디트로이트에 있는 베아트리체의 낡은 집을 가졌다. 다 쓰러져가는 판잣집이었다. 비록 어린 시절을 보낸 집을 잃어 실망했지만 마르타 가족은 함께 모였고, 돈을 걸어 디트로이트 집을 수리했다. 그래도 최소한 베아트리체가 더 이상 그들을 괴롭히지 않게 되었다.

부서진 토르티야

마르타는 1972년 3월에 학업을 마치고 미시간 주립대학교에서 학사학위를 받았다. 그녀는 고등학교에서 스페인어 교사 일을 얻었다. 그러나 그녀는 미시간 주립대학교 협동조합 일을 하기로 결정했다. 그녀가 맡은 일은 미시간 주민들의 삶을 향상시키는 데 도움이 되는, 실질적인 문제(가정경제 같은)들을 교육하는 봉사 프로그램이었다.

마르타가 채용되었을 때, 미시간주는 더 나은 프로그램으로 히스패닉계 사람들을 지원하고 싶어 했다. 마르타는 이주 노동자 캠프 등 가난한 히스패닉계 공동체를 찾아가 주민들의 영양 상태를 개선할 방법에 대해 조언했다.

마르타는 영양에 관한 배경지식이 없었지만 봉사 프로그램 교육에 힘입어 주민들의 식단을 풍부하게 하기 위한 조언을 해줄 수 있었다. “토르티야 반죽에 분유를 넣으세요. 칼슘이 많아져 뼈가 더 튼튼해질 거예요.”라고 그녀는 말했다.

"우리도 해봤어요. 그렇지만 토르티야가 부서져요."

이런 교육은 주거니 받거니 쌍방향으로 진행되었다. 마르타는 영양에 대해 거의 알지 못했다. 어떻게 해야 하나? 마르타는 자신이 잘 알고 있는 바느질 강습을 하는 게 낫다고 생각했다. 오랫동안 자신과 자매들을 위해 했던 바느질 솜씨를 발휘할 때가 왔다.

마르타는 대학을 졸업한 후, 미시간 주립대학교 협동조합의 봉사 프로그램을 진행했다. 그녀의 업무는 좀 더 영양가 있는 식단을 짜도록 조언하는 것이었다.

이주 노동자 캠프를 방문해서 "바느질을 배우고 싶나요?"라고 물으니 "네."라는 답이 돌아왔다.

마르타는 재봉틀을 만드는 회사 싱어Singer를 찾아가 재봉틀을 기증해달라고 부탁했다. 회사는 재봉틀 두 대를 기증했고, 마르타는 이곳저곳을 다니며 바느질을 가르쳤다.

결정의 시간

마르타가 일을 한 지 일주일 정도 지났을 때, 포드 재단으로부터 편지를 받았다. 대학원 입학 장학금을 받게 된 것이다. 게다가 등록금과 책값은 물론 매달 생활비로 250달러까지 지급한다는 게 아닌가!

마르타는 고민에 빠졌다. 장학금을 받아야 할까? 스페인 문학을 계속 연구하고 싶다는 확신이 들지 않았고, 일 년에 3000달러로는 살기가 빠듯했다. 또 일을 시작하자마자 그만두는 것이 부담스럽기도 했다.

마르타는 예전에 늘 도움을 주던 사람에게 조언을 구했다. 링컨 파크 하트윅 거리의 이웃 루실 페이지였다. 루실은 마르타의 고민을 다 듣고 나서 말했다. "이제 네 공부를 해야지. 그 장학금을 받거라."

소논문

마르타는 일을 그만두고, 오스틴Austin에 있는 텍사스 대학교로 향했다. 당시 텍사스 대학교는 스페인어과로 유명한 대학이었다. 그녀는 '남아메리카 사람들 연구'를 주제로 수업을 들으며 중앙아메리카와 남아메리카 사람들에 관해서 배웠다.

얼떨결에, 마르타는 '현대 멕시코 사회'를 주제로 가르치는 학부 강좌를 신청했는데, 사회학자 할리 브라우닝Harley Browning의 수업이었다. 그것은 그녀에게 가장 운 좋은 일 중 하나였다.

브라우닝 박사가 지정한 책은 차트, 그래프, 표를 곁들인 수

number로 가득했다. 그 수는 사회과학자의 도구였고, 거기에는 연구자들의 사연이 담겨 있었다. 사회학자가 이 수를 이용하여 인간의 삶에 변화를 가져올 수 있다는 사실을 알게 되자, 마르타는 그만 그 낯선 분야에 푹 빠져들고 말았다.

첫 번째 사회학 교수 할리 브라우닝은 마르타의 삶과 직업에 큰 영향을 끼쳤다.

브라우닝 박사는 마르타의 열정에 감동을 받았다. 마르타의 잠재력을 간파한 첫 번째 사회학과 교수로서, 브라우닝 박사는 그녀의 멘토가 되어 주었다. 그는 옛일을 회상하며 이렇게 말했다. "나는 늘 우리 프로그램에 적합한 훌륭한 학생을 찾고 있었죠. 마르타는 영특할 뿐만 아니라 의욕이 넘쳤어요. 그 엄청난 에너지와 열정에 처음부터 감동했죠. 그렇게 빨리 발전하는 사람은 처음 봤어요."

마르타는 대학에서 문학을 공부했다. 이제 사회학을 공부하기 시작하자 두 학문 사이의 연관성을 발견할 수 있었다. 소설과 시는 해당 시대상을 반영하고, 사람 살아가는 이야기를 다루는 예술 작품이다. 마르타는 사람에 대한 연구, 즉 사회학을 자신의 예술 작품으로 보게 되었다. 그녀는 사회학이 어려움에 처한 집단을 찾아냄으로써, 우리 모두를 위해 더 나은 미래로 가는 가교 역할을 할 수 있다고 생각했다.

개발도상국의 가난한 지역 사회를 다룬 자신의 논문에서 마르타는 자기가 나라 전체를 고치는 수리공이라면 무엇을 할지 상상해보았다. 멕시코의 민족적 특성을 다른 논문에서는 멕시코 시인 옥타비오 파스Octavio Paz와 미국인 여권 운동가 글로리아 스타이넘Gloria Steinem의 가상 대화를 만들어내기도 했다.

브라우닝 박사는 짤막한 논문 몇 편에서 보여준 마르타의 에너지와 독창성에 놀랐다. 그는 이 논문들을 '소논문'이라고 불렀다.

마르타의 첫 번째 소논문에 그는 격려의 말을 덧붙였다.

두 번째 소논문에는 대학원에서 무엇을 공부할 거냐고 물었다.

세 번째 소논문에는 이렇게 적었다. "정말 감명을 받았어요. 어려운 작업을 감당할 재능과 능력이 있으며, 열정적인 아이디어가 넘치는군요. 당신이 사회학과의 일원이 되도록 도울 수 있다면 기쁠 것 같습니다. 우리는 당신이 필요합니다."

세 번째 언급은 마르타 티엔다의 장래를 결정했다.

목표를 향해 속도 내기

마르타는 진로를 분명히 정했지만, 그 길을 탐색하는 데 필요한 도구가 부족했다. 사회학자라면 꼭 필요한 통계학과 연구 방법론, 이 두 가지 기본 과목을 이수하지 않은 상태였다. 통계학은 데이터를 다루는 수학의 한 분야다. 실험이나 인구 조사 등에서 수치가 자주 나오기 때문에 좋은 사회학자가 되려면 이런 수치를 잘 이해하는 게 아주 중요했다.

마르타는 멋모르고 대학원 통계학 과목을 신청했다가 첫 수업을 듣고는 자신의 욕심이 너무 과했다는 것을 깨달았다. 심지어 그녀는 표준편차와 같은 통계학의 기본 원리도 몰랐다.

마르타는 기본기를 다져야 했고, 그것은 처음부터 다시 시작해야 하는 것을 의미했다. 그녀는 기초 수준의 통계학 수업을 수강했고, 곧 담당 강사가 다른 학생들을 가르치라고 권유할 만큼 잘 알게 되었다. 그것은 심화 과정으로 가는 발판이었으며, 그때의 수업은 그녀가 지금도 사용하는 통계학 기법을 습득하는 계기가 되었다.

브라우닝 박사의 대학원 제자 중에 가장 열심히 공부하는 제자는 마르타였다. 마르타는 자기가 대학원생이라는 것을 중요하게 여기지 않았다. 통계학을 공부할 때와 마찬가지로, 그녀가 사회학이나 경제학 개론 수업을 들었다 해도 똑같이 열심히 했을 것이다. 그게 바로 마르타의 장점이었다. 평생 그렇게 해왔다. 배우고자 하는 열망이 컸기 때문에 어떤 것을 모른다고 해서 부끄럽다고 느낀 적이 없었다.

여러 명이 같이 쓰느라 비좁아터진 침실, 체리나 토마토를 따는

표준편차란 무엇인가?

표준편차란 데이터 확산의 정도를 수치로 나타낸 것이다. 각각 30명씩인 두 반의 학생들이 시험을 봤는데, 각 반의 평균 점수가 75점이라고 가정해보자. 얼핏 생각하면 두 반 학생들이 똑같은 수준으로 시험을 봤다고 생각할 수도 있지만 반드시 그렇지는 않다.

아래 그래프는 두 반 모두 시험 평균 점수가 75점이라는 것을 보여준다. 그러나 각 그래프의 데이터 분포를 보면 분포도가 매우 다르다는 점을 알 수 있다. A반의 경우 학생들의 점수가 평균인 75점 주변에 빽빽하게 몰려 있다. 이때 붉은색으로 표시된 표준편차는 겨우 2에 불과하다. 다시 말해, 학생 대부분의 수준이 거의 비슷하다.

B반은 전혀 다른 양상이다. 학생들의 시험 점수가 다양해서 넓게 분포되어 있다. 이때 표준편차는 붉은색으로 표시된 것처럼 5다. 표준편차가 더 크다는 것은 B반 학생들은 학습 능력에서 상당한 차이를 보인다는 뜻이다. 그래프에서 푸른색으로 표시된 부분 역시 70점 이하를 받은 학생이 A반보다 B반에 훨씬 더 많다는 것을 보여준다.

표준편차를 아는 것이 왜 중요할까? 평균 점수라는 단일 수를 가지고는 분포 상황에 대한 중요한 정보를 알 수 없기 때문이다. 데이터가 어떻게 퍼져 있는지 아는 것은 중요한 의사결정을 내리는 데 큰 도움이 된다. 예를 들어, 만약 학교 당국이 이 두 반 중에 한 곳에만 추가로 교사를 배정해야 한다면 어느 교실을 택해야 할까? 표준편차가 높은 B반 학생들에게 해당 과목의 교사를 배정하는 것이 더 큰 도움을 얻게 될 것이므로 학교 당국은 B반을 선택할 것이다. 학생들의 학력 차이가 크게 나면 선생님도 해야 할 일이 늘어난다.

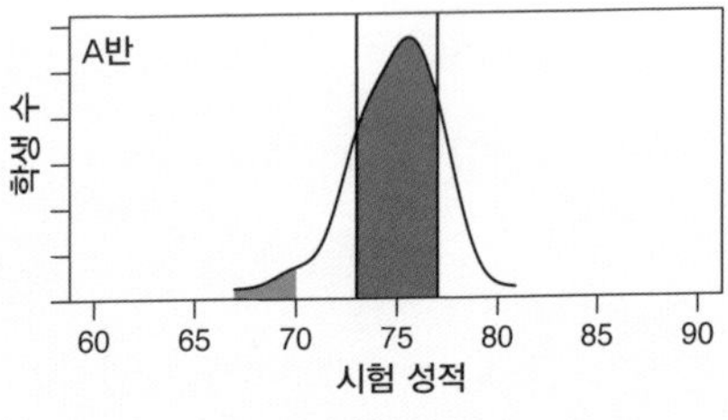

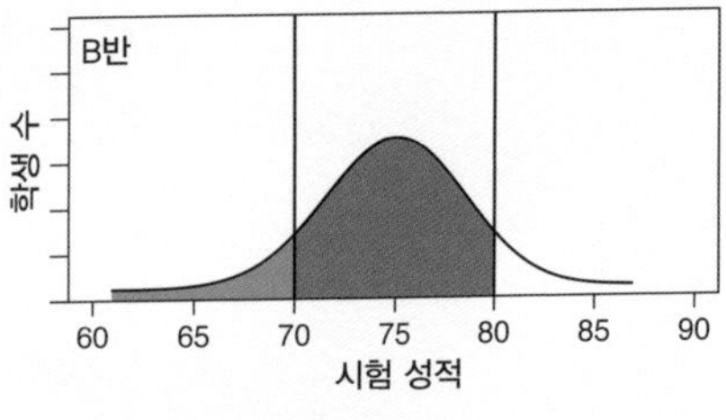

라 거칠어진 손, 투박한 새들 슈즈 등 어린 시절 가난했던 기억은 그녀의 머릿속을 떠나지 않았다. 혹시라도 그런 삶으로 돌아가게 될까 봐 마르타는 공부에만 몰두했다. 다른 학생들이 잠자리에 든 이후에도 마르타의 스탠드는 밤늦게까지 켜져 있었다.

거장으로부터 배우기

마에스트로는 거장을 뜻한다. 특히 음악 같은 예술 분야의 거장을 말하는데, 스페인어에서 마에스트로는 가르침이 예술에 경지에 오른 훌륭한 스승을 의미한다. 선생님에 전문성과 존경의 의미가 더해진 것이다.

마르타는 할리 브라우닝 교수를 '마에스트로'라고 불렀다. 브라우닝 교수는 키가 크고 하얀색 곱슬머리가 덥수룩한, 앞니 두 개 사이가 많이 벌어진 사람이었다. 그의 사무실은 항상 허리케인이 휩쓸고 지나간 것처럼 보였다. 책 더미와 서류들이 여기저기 뒤집힌 채 흐트러져 있었지만, '마에스트로' 브라우닝 교수는 필요한 자료나 책이 어디에 있는지 다 안다는 듯 언제나 귀신처럼 잘 찾아냈다.

그는 학생들에게 도전적인 질문을 던짐으로써 학생들이 자신의 능력을 최대한 이끌어낼 수 있도록 지도했다. 그는 마르타가

할리 브라우닝 교수(왼쪽에서 두 번째)가 텍사스 대학교의 인구조사센터에서 학생들과 함께 연구 결과를 검토하고 있다.

훌륭한 사회학 연구자가 되기를 바랐다. 뛰어난 사회학자가 되려면 늘 비판적으로 사고하고, 설득력 있게 글을 써야 하며, 제대로 된 질문들을 던져야 한다고 충고하곤 했다.

마르타는 브라우닝 박사와 함께하는 수업마다 연구 제안서를 써야 했다. 어떤 현상에 대하여 문제를 제기하거나 가능한 가설을 제시하고 다시 그 가설에 맞는 설명을 나름대로 해보는 방식이었다. 브라우닝 박사는 질문이나 가설이 명확해지거나 쓸 만해질 때까지 계속 학생들을 독려하고 다그쳤다.

몇몇 질문들, 예컨대 "사후 세계는 존재하는가?" 같은 질문은 의문점은 명확하지만 과학적으로 가설을 세우거나 증명할 수는 없는 질문이다. 따라서 사회과학자들은 입증 가능한 가설을 찾아내고 그것에 답할 수 있는 새로운 방법론을 생각해내야 한다. 다음에 나오는 사례들이 바로 사회학에 기반을 둔 '증명할 수 있는 질문들'이다.

- 21세 이전에 아기를 가지면 여성의 미래 수입은 늘어날까, 아니면 줄어들까?
- 이민자들의 수입이 그 나라 주류 국민들의 수입을 따라잡을 수 있을까?
- 전과 기록이 있으면 직장 얻는 게 더 힘들어질까?

이런 질문에 사람들은 누구나 자기 나름의 생각이나 이론을 가질 수 있지만, 그것이 학문의 영역으로 승격되려면 반드시 엄격하게 과학적으로 증명되어야 한다. 어설픈 증명이나 근거 없는 의견이 끼어들 여지를 주어서는 안 된다. 가설을 입증하려면 과학적 조사 방법론으로 수집된 데이터가 필수적이지만 데이터가 스스로 말을 할 수는 없다. 연구자의 과학적이고 신중한 해석을 통해서만 데이터는 숨겨진 의미를 정확하게 드러낸다.

일하는 여성

사회학이라는 학문을 처음 접하면서 용기를 얻은 마르타는 1973년에 텍사스 대학교의 인구조사센터에서 인구통계학이라는 특화된 분야를 연구하기 시작했다. 인구통계학은 인구가 몇 명인지, 어떻게 분포되어 있는지, 어떻게 인구가 늘어나는지, 어떻게 인구가 지역을 이동하는지 등을 연구하는 학문이다.

텍사스 대학교의 인구조사센터는 멕시코부터 아르헨티나에 이르기까지 인구통계학 분야에서 선구적인 역할을 하는 곳이었다. 도시화 현상(인구가 농촌 지역에서 도시 지역으로 이주하는 것, 주로 가난한 사람들이 더 좋은 직업을 찾아서 도시로 찾아가는 이주 형태를 말함)과 공중 보건, 국가 내 혹은 국가 간의 이주 현상(특정 집단의 움직임), 노동 시장(누가 일하는지, 무슨 일을 하는지) 등이 주요 연구 주제였다.

마르타가 인구조사센터에서 맡은 첫 번째 프로젝트는 멕시코 여성의 노동력을 주제로 한 것이었다. 일하는 여성이 멕시코의 다섯 개 주 경제에 어떤 영향을 끼쳤는지 알아내기 위해, 마르타는 우선 각 주에서 얼마나 많은 여성이 일을 하는지, 또 몇 살 때 처음 일을 시작했는지 등을 조사했다. 이 조사는, 중남미 국가가 발전해가면서 점점 산업화·탈농업화로 치달았고 이에 따라 여성들이 점점 더 집을 벗어나 밖에서 일을 하게 되었다는 사실을 보여

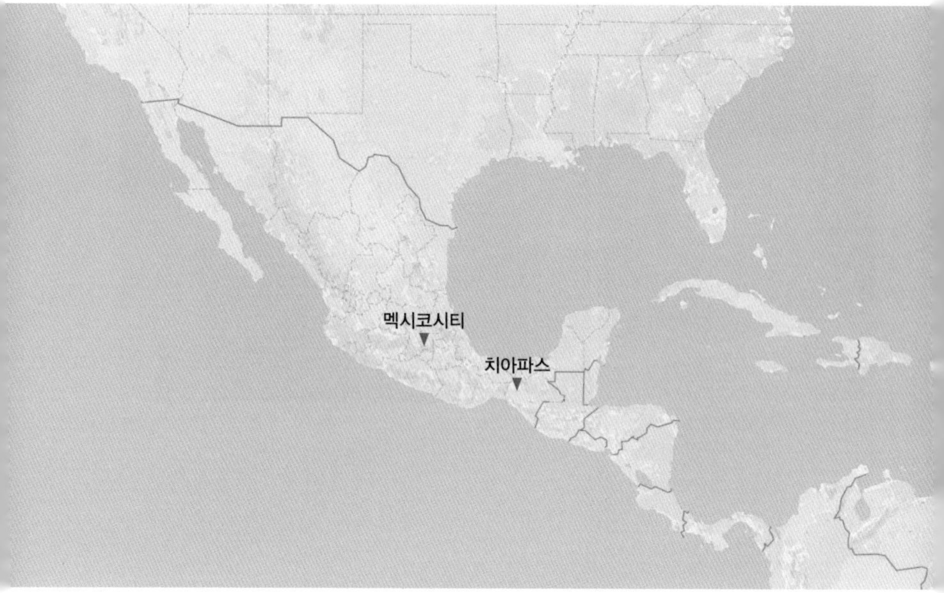

이 지도는 멕시코의 주요 도시를 보여준다. 멕시코 중심부에 위치한 멕시코시티는 연방 정부가 있는 특별 행정 도시에 있으며 세계에서 가장 인구가 밀집된 도시 중의 한 곳이다. 치아파스주의 툭스틀라 구티에레스Tuxtla Gutierréz는 멕시코의 남동쪽에 위치해 있다.

주었다.

마르타가 사용한 데이터는 10년마다 멕시코 정부가 전국적으로 시행하는 인구 조사였다. 그녀는 이 데이터로 얼마나 많은 특정 연령층의 여성이 집 밖에서 일을 하는지 알아보았다. 멕시코의 수도 멕시코시티를 포함하는 연방 구역the Federal District과 멕시코의 가장 낙후된 치아파스Chipas주를 비교하는 연구였다.

자신이 수행한 연구에 자부심을 느낀 마르타는 연구 논문을 브라우닝 교수에게 제출했다. 그러나 교수가 보인 반응은 충격적

마르타는 인구조사센터 사람들과 잘 어울렸다. 목표를 향해 집중력 있게 노력하면서도 때때로 시간을 내서 동료들과 즐거운 시간을 보내기도 했다.

이었다.

브라우닝 교수는 "자네의 논문은 너무 형편없어서 도저히 읽을 수가 없네."라고 지적했다. "자네는 지도 위를 서성거리고 있을 뿐이야. 좋은 사회학자가 되고 싶다면, 글을 명확하게 또 설득력 있게 쓰는 법을 먼저 배워야 해. 잘 쓴 문장 하나가 사진 1000장하고 맞먹는 법이거든."

거장의 냉정한 평가는 마르타를 부끄럽게 만들었지만 동시에 더 잘해야겠다는 강렬한 동기를 부여했다. 그녀는 심기일전하여 그 어느 때보다도 결연한 마음으로 논문 작업을 계속해 나갔다. 꾸준히 내용을 보완하고 가필과 수정을 거듭한 끝에 그녀는 마침내 논문을 완성했다.

수정되어 완결성이 높아진 논문은 나중에 마르타의 석사 논문

인구통계학자는 무슨 일을 하는가?

미국 인구의 구성을 더 잘 이해하기 위해서 인구통계학자는 미국 인구 통계국이 10년마다 수집하는 데이터를 활용한다. 인구 통계 데이터는 미국에 얼마나 많은 사람이 살고 있으며, 이들의 인종적·민족적 출신 배경, 이들이 살고 있는 주택의 종류, 자녀 수, 일하는 곳 등등 세부 정보를 많이 담고 있다.

인구통계학자는 이런 인구 정보를 이용하여 '어떤 사람이 얼마나 많은 교육을 받았는가'와 같은 하나의 데이터 집합으로 '나중에 그 사람이 얼마나 많은 수입을 얻게 되는가'와 같은 관련성을 추론하는 데 사용한다. 인구통계학자의 도움을 받아, 정부 기관과 다른 조직은 미국인들의 삶을 향상시키기 위한 결정을 내리게 된다. 예를 들어, 인구통계학자는 군이나 읍 단위의 학교위원회에 아동 인구와 같은 정보를 제공해 어느 마을에 새 학교를 세워야 하는지 등 정책 결정을 내리는 데 도움을 줄 수 있다. 아니면 은퇴한 노년층을 위하여 지방 정부가 신규 센터를 건립할 필요가 있는지 등을 결정하는 데 도움을 줄 수도 있다.

인구통계학자는 또한 교육, 의료보험, 범죄, 고용 등의 문제에 대책을 세울 때 다른 나라와 비교하고 파악할 수 있게 도와준다. 이 정보는 정책 설계자들이 어디에 어떤 자원이 필요한지 판단하는 데 쓰인다.

의 토대가 되었다. 석사 논문은 작성하는 데만에도 긴 시간이 걸리는 프로젝트이며, 대학원생이 학위를 받으려면 반드시 끝내야 하는 연구에 기초를 둔다.

경제적으로 쪼들리다

석사 과정 첫 일 년 동안 마르타는 학문적으로는 한창 왕성했지만 경제적으로는 너무나 쪼들렸다. 당시는 1974년도였다. 높은 인플레이션 때문에 기본 생활필수품의 가격이 천정부지로 솟아올랐다. 포드 재단으로부터 받던 마르타의 매달 생활비는 300달러까지 인상되었지만 날마다 치솟는 가스비, 식품비, 그리고 다른 생활비를 감당하기에는 태부족이었다.

견디다 못한 마르타는 한 모임에서 경제학 교수에게 석사 과정을 그만두어야 할 것 같다며 고민을 털어놓았다. 이 교수가 브라우닝 교수에게 그녀의 어려운 사정을 귀띔해주었던 모양이다. 유망한 학생을 잃을지도 모른다고 생각한 브라우닝 교수는 마르타가 인구조사센터에서 추가로 100달러를 받을 수 있도록 주선해주었다. 추가 지원금 덕분에 마르타는 석사 과정에 남아 연구를 계속할 수 있었다.

"연구를 그만두겠어요!"

1974년 여름, 마르타는 '남아메리카 여성의 역할'을 연구하는 세미나에 참석할 목적으로 두 달 동안 멕시코의 쿠에르나바카Cuernavaca 지역을 여행하게 되었다. 세미나에는 세 그룹의 학생들이 연구 중이었다. 남아메리카 여성들, 미국 여성들, 그리고 마르타가 '중간층'이라고 불렀던 소수의 미국 태생 히스패닉들(미국에서 태어난 멕시코나 푸에르토리코계 학생들)이었다.

마르타와 다른 중간층 학생들은 북아메리카 사이에 있는 만灣의 간격이 급격히 벌어지는 것 같은 느낌을 받았다. 각 그룹은 남아메리카 여성들이 직면하고 있는 현상과 문제점에 대해서 완전히 서로 다른 관점을 가지고 있었다. 미국 여학생들은 남아메리카 여성이 겪고 있는 불평등에 남아메리카의 남성이 큰 원인을 제공한다고 생각했다. 그들은 남아메리카의 남성은 여자를 동등하다고 여기지 않으며 여자는 집에서 아이나 보는 존재로만 여긴다고 생각했다. 사회적으로, 경제적으로 동등해지려는 여성들의 열망이 여성 권익 운동으로 이어졌던 미국적 배경이 이 같은 관점의 배경에 깔려 있었다.

반면 남아메리카 여성들은 미국 여학생들과 생각이 완전히 달랐다. 이들은 중남미 국가의 여성이 직면한 문제점들은 남녀 간의 문제가 아니라 주로 부자와 가난한 사람들 사이에서 비롯된 문제라고 인식했다.

두 그룹 사이의 긴장이 팽팽해지면서 마르타는 학생들 간에 오가는 욕설과 편견 때문에 불편해지기 시작했다. 세미나에 참석한 미국 여성들은 남아메리카의 여성에게 가장 좋은 게 무엇인지 마치 자신들이 가장 잘 안다는 듯이 행동했다. 그들의 주장은 남자가 모든 여성 문제의 핵심 원인이라고는 생각하지 않았던 마르타를 당황하게 만들었다.

마르타는 자기가 멕시코계 미국 여성이라는 점이 앞으로 연구 주제와 연구 방법에 영향을 끼칠 수도 있다는 사실을 정말 인정하고 싶지 않았다. 세미나를 마치고 텍사스로 돌아오자마자 마르타는 곧장 브라우닝 교수의 사무실로 직행했다. 그녀는 "저는 여성, 또는 소수 민족이나 멕시코 사람과 관련된 어떤 일도 하고 싶지 않아요. 전 이 연구를 그만두겠어요!"라며 울분을 터뜨렸다.

브라우닝 박사는 그녀를 조용하게 바라보며 "아예 때려치울 작정인가?" 하고 물었다.

마르타는 스스로를 진정시키려고 애쓰며 대답했다. "완전히 그만두고 싶은지는 잘 모르겠어요. 하지만 지금 당장은 그만두고 싶어요."

멕시코에서의 씁쓸한 경험을 한 이후 마르타는 자신이 '멕시코계 여성 사회학자'라는 한계나 편견의 벽에 갇히게 될지도 모른다고 생각했다. 만약 자신과 같은 처지의 사람들만 연구하게 된다면, 그것이 그녀가 할 수 있는 연구의 전부라고 생각할까 봐 두려웠다. 멕시코계 미국인들을 연구하고, 멕시코계 미국인들을 가르치며, 주로 멕시코계 미국인 동료들과만 교류하면서 연구자로서 자신의 경력이 끝날 수도 있겠다 싶었다.

마르타는 중요한 사회학자로 인정받으려면 좀 더 보편적인 주제를 연구하고 그 방법론을 연마해야 한다는 것을 깨달았다. 그때부터 마르타 티엔다는 자신이 외부에 비춰지는 모습보다 훨씬 더 나은 연구자라는 점을 증명하기 위해 긴 여정을 시작했다.

인생에서 가장 행복했어야 하는 날이

슬픔과 고통으로 뒤덮인 날이 되고 말았다.

마르타와 웬스의 결혼식은 침통한 날이 되었다. 결혼식 바로 전날인 1976년 8월 19일, 마르타의 남동생 후안 루이스가 자동차 사고로 세상을 떠났기 때문이다.

9장

가족 문제

얼마 되지 않아 마르타는 다음 프로젝트를 찾아냈다. 그녀는 1972년 여름을 떠올려보았다. 그녀는 미시간주에서 푸드 스탬프 수급 자격을 얻기 위해 애쓰는 이주 노동자들을 돕고 싶었다. 그때 마르타는 이주 노동자 중 상당수 여성들이 많은 자녀를 낳았다는 사실을 알게 되었다. 마르타는 생계를 유지하기 위해 그렇게 엄청난 노력을 하면서도 이들 빈곤층 여성들이 왜 그렇게 대가족을 이루고 있는지 정말 궁금했다. 먹여 살릴 입들이 그렇게 많으니 더 많이 일해야 하고 인생이 훨씬 더 힘들지 않을까? 그런데 아이는 왜 그렇게 많이 낳을까?

1975년, 마르타는 그 질문에 대한 답을 찾기 위해 연구를 시작했다.

인구통계학자들은 오랫동안 대체로 가난한 국가들의 인구 성장률이 높다는 사실에 주목해왔다. 그러다가 해당 국가가 빈곤에서 벗어나기 시작하면 인구 성장률이 낮아지기 시작한다. 그 이유가 무엇일까? 어느 것이 원인이고 어느 것이 결과일까?

몇몇 연구자는 급격한 인구 성장률이 가난을 야기한다고 설명한다. 이들은 인구 증가를 야기하는 두 가지 요인, 즉 더 높은 출생률(더 많은 아이들이 태어난다)과 더 낮은 사망률(의료 혜택이 좋아져 영아 사망률이 낮아지고 노인은 더 장수한다)에 주목한다. 아이와 노년층은 대부분 일을 하지 않는 부양 대상자인데, 출생률이 높고 노인 인구가 많다. 노동 생산성은 낮은데 부양하는 데 큰 돈이 드는 것이다. 이런 일련의 추론은 저출산 장려 정책을 실시해야 한다는 주장으로 귀결된다.

마르타는 이 점에 의문을 가졌다.

그녀는 아이를 더 많이 갖는 것 때문에 사회가 더 많은 비용을 치른다는 사실에는 동의했다. 아이들이 많아지면 당연히 의료 혜택과 교육에 더 많은 비용이 들어가게 될 것이다. 그렇다고 해서 저개발 국가가 반드시 저출산 정책을 펴야 하는가? 출산율이 높더라도 아이들이 사회나 경제를 이롭게 하는 점이 있지 않을까? 그리고 아이들을 더 많이 낳으면 사회와 가족 중에서 어느 쪽이 실제로 많은 비용을 부담하게 될까?

숫자로 그림을 그리다

마르타의 연구 프로젝트는 다음과 같은 질문으로 시작되었다. "아이들이 너무 많으면 정말 가난할까?" 질문의 다음 단계는 그 질문을 좀 더 과학적인 용어로 다시 제기해보는 것이었다. "인구 성장률이 빈곤을 야기했을까? 아니면 가난이 인구 과잉을 초래했을까?"

그녀는 이런 질문에 답을 얻기 위해 남아메리카의 국가 중에서 인구가 급증하고 있는 페루의 정부 조사 결과를 살펴보았다. 사회과학자들은 정부가 수집한 데이터를 주로 사용한다. 광범위한 인구 조사를 직접 수행하기에는 비용이 너무 많이 들기 때문이다.

마르타는 본격적으로 데이터를 분석하기 시작했다. 그녀는 우선 가족 자체가 시간이 흐르면서 어떻게 변해 가는지 알고자 했다. 특히 아이들이 가족을 부양하기 위해 노동 시장으로 내몰리는 결정적인 요인이 무엇인지 알고 싶었다.

그녀는 아이들이 많은 가족과 적은 가족, 다 큰 자녀들이 있는 가족과 유년기 자녀들을 가진 가족을 비교 분석했다. 그리고 시골과 도시의 가족, 한부모 가족과 부모 두 사람이 다 있는 가족, 가난한 가족과 부유한 가족을 두루 살펴보았다.

마르타가 이런 데이터를 컴퓨터에 입력하자 모든 자료들이 고속으로 통계 처리되어 정리된 결과물로 도출되었다. 그녀는 다른

페루인 가족들이 농가 밖에 모여 있다. 마르타는 가난과 가족의 규모가 관련이 있는지 연구하려고 페루인 가족들을 연구했다.

사회학자들처럼 분석 결과표를 면밀히 검토해 해석하려고 했다. 그녀는 사람의 삶을 이해하기 위해, 그리고 그 사람의 가족들이 집안 문제를 어떻게 결정을 내리는지를 이해하기 위해 기본적으로 수를 사용하고 있었다.

마르타의 분석에 따르면, 조건의 변화에 따라 가족 구성원의 수가 늘어나거나 줄어들었다. 예를 들어, 어떤 가족은 갓 태어난 아기 또는 어린 자녀들을 돌보기 위해 가족 단위 내에 어른, 대개 친척의 수가 늘어나는 경우가 있었다.

아이를 돌봐주는 친척이 집 안으로 들어와 살면 부모가 자유롭게 일하러 나갈 수 있기 때문이었다. 이 경우 어린 자녀 수의 증가가 가족 내 어른의 수를 늘어나게 하는 요인인 것이다.

경제 상황이 어려워져도 가족 수가 늘어났다. 생계를 유지하기 위해 집 밖으로 일하러 나가야 하기 때문에 집안일을 처리하려면 가족 구성원이 더 많이 필요하다.

'맙소사, 바로 우리 집 이야기네.' 하고 마르타는 생각했다.

아버지가 제철소에서 해고된 다음, 가족 모두 들판에 나가 농작물 따는 일을 해야 했던 미시간 시절의 힘든 여름들이 새록새록 떠올랐다. 페루의 수많은 가정처럼, 마르타의 가족 역시 생계를 꾸려나가기 위해 어른들과 아이들이 각자 자기 일을 맡아 생활했다.

마르타는 페루의 사례를 연구한 결과, 인구 성장률 자체가 가난을 유발하는 것은 아니라는 결론을 내렸다. 페루의 가족은 하나의 사회 단위로 활동을 했으며, 자신들이 처한 상황에 적응하면서 확대되거나 줄어들거나 했다. 이 연구는 그녀의 박사학위 프로젝트가 되었으며 사회학자로서 마르타가 일구어낸 초석들 중의 하나였다.

사랑과 상실

텍사스에서 대학원 시절에, 마르타는 웬스 랜즈Wence Lanz라는 베네수엘라 출신의 한 남학생을 만났다. 그는 마르타에게 자신의 논문 한 편을 영어로 번역해달라고 부탁했고, 그 일로 친해진 두 사람은 본격적으로 데이트를 하기 시작했다. 그때까지 마르타는

마르타의 남동생 후안 루이스가 약혼자와 찍었던 마지막 사진. 후안 루이스는 3일 후에 자동차 사고로 사망했다.

한 번도 진짜 데이트를 해본 적이 없었다. 공부하느라 너무 바빴기 때문이다. 거침없는 성격인데도, 마르타는 남자들 앞에서 수줍음을 탔다.

그런 마르타에게 확신에 차 있고 외향적인 성격의 웬스는 깊은 인상을 주었다. 관대한 성격의 웬스는 모든 사람과 다 잘 지내는 것 같았다. 마르타가 특히 호감을 느꼈던 점은 웬스가 마르타의 말에 귀 기울이며 마르타가 어떤 사람인지 알고 싶어 하는 첫 남자였다는 것이다. 거의 2년 동안 데이트를 계속한 후에 두 사람은 결혼하기로 결정했다.

결혼식은 1976년 8월 20일로 예정되어 있었다. 마르타가 박사과정을 끝낸 후 위스콘신 대학교에서 조교수로 첫출발을 하기 바로 직전이었다.

먼 곳에 살고 있는 양가 가족들이 결혼식에 참석하려고 텍사스 오스틴으로 모여들었다. 웬즈의 가족들은 멀리 베네수엘라에서 비행기를 타고 왔고, 마르타 가족은 미시간에서 자동차로 내려왔다. 남동생 후안 루이스가 아버지와 여동생 글로리아, 친척들을 모시고 직접 운전해서 왔다.

결혼식 바로 전날, 즉 미시간에서 출발하여 힘든 자동차 여행을 마친 하루 뒤에 후안 루이스는 마르타의 차를 빌려 오스틴에서 차로 두 시간 거리에 있는 휴스턴으로 약혼자를 데리러 갔다.

그러나 그는 그곳에 도착하지 못했다.

오스틴에서 약 40분 정도 벗어난 후에, 후안 루이스가 운전하던 차가 차선 두 개를 가로질러 맞은편 트럭과 충돌하는 큰 사고를 낸 것이다. 동생은 사고 현장에서 즉사했다. 경찰에 따르면 그는 사고 당시 깜박 졸았던 것으로 보인다.

청천벽력 같은 소식을 접한 마르타는 절망했다. 남동생이자 가장 친한 친구였던 후안 루이스가 영원히 떠났다! 그녀의 인생에서 가장 행복했어야 하는 날이 슬픔과 고통으로 뒤덮인 날이 되고 말았다. 그러나 마르타의 아버지는 결혼식을 미룬다고 해서 죽은 동생이 다시 살아 돌아오는 것이 아니라며 예정대로 결혼식을 치르자고 주장했다. 양가 가족과 일가친척들이 마르타와 웬스의 결혼식을 보려고 이미 너무나 먼 길을 달려와 있었다.

결국 결혼식은 예정대로 진행되었다. 그러나 마르타 곁에서 기쁨을 나누어야 할 남동생은 이미 세상을 떠난 뒤였고, 결혼은 축하 음악도 없이 조용히 이루어졌다.

결혼식 직후 마르타의 가족은 바로 미시간으로 돌아갔다. 이틀 후에는 마르타와 웬스 부부 역시 트럭을 빌려 북쪽으로 달렸다. 미시간에서 진행될 후안 루이스의 장례식 시간에 맞추기 위해서였다.

동생 후안 루이스를 기억하며

동생의 죽음은 마르타에게 심한 충격을 주었다. 한 살 차이였던 후안 루이스와 마르타는 삶에 대한 열정을 나누곤 했던 좋은 오누이 사이였다. 두 사람 모두 독립적이어서 자기 일에 일체 다른 사람의 도움을 기대하지 않았다. 각자가 지금보다 더 나은 미래를 만들어내기 위하여 열심히 일했으며, 다른 사람들이 그들의 인생에 끼어드는 것을 거부했다.

그러나 두 사람 사이에는 큰 차이가 있었다. 후안 루이스는 모험이 가득한 야외 활동을 좋아했다. 그에게 인생이란 짜릿함이나 마찬가지였다. 스키를 타는 법을 스스로 익혔으며 사냥과 캠핑을 즐겼다. 마르타는 남동생이 활동적으로 인생을 채워나가는 것을 기쁜 마음으로 지켜보곤 했다. 후안 루이스의 사망 이후 그녀는 혹시 동생이 자신의 삶이 짧으리라는 것을 미리 예감하지 않았을까 하는 생각도 들었다.

후안 루이스는 마르타가 졸업한 이듬해에 고등학교를 졸업했다. 졸업 후 그는 대학교에 너무나 가고 싶어 했지만 대학 등록금을 마련할 방법이 없었다. 그래서 군 복무를 마친 후에 대학 등록금을 지원받을 수 있는 육군에 지원했다. 당시는 베트남 전쟁이 한창일 때였다. 목숨을 걸고 군대에 지원하는 게 흔한 일은 아니었지만 후안 루이스는 자원해서 위험한 전쟁터에 뛰어들었다.

후안 루이스는 낚시와 사냥 같은 야외 활동을 좋아했다.
그는 베트남 전쟁이 한창일 때 군대에 입대했다.

베트남으로 가는 길에 한 장교가 후안 루이스의 부대에 들렀다가 "여기에 혹시 타이핑할 줄 아는 사람이 있습니까?" 하고 물었는데, 그 말을 듣자마자 후안 루이스는 번쩍 손을 들었다. 덕분에 그는 부대의 나머지 병력이 베트남에 가 있는 동안, 타이핑 담당 행정병으로 일본에서 복무하게 되었다.

사실, 그는 타이핑하는 법을 몰랐다. 일단 할 수 있다고 손을 들고 난 다음 급하게 타이핑을 배운 것이다.

군 복무를 무사히 마친 후에, 후안 루이스는 마르타의 모교이기도 한 미시간 주립대학교에 입학했다. 4년제 대학을 3년 만에 마치고 미시간 대학교 법대에 진학했다. 후안 루이스 역시 마르타처럼 사람들의 삶에 긍정적인 변화를 주고 싶어 했기에, 히스패닉계 학생들과 교수들의 모집과 채용을 법률적으로 지원하는 활동가가 되었다. 마르타의 결혼식에 참석하러 텍사스로 가기 직전까지 그는 미시간에 있는 이주 노동자들을 위해 법률적인 도움을 제공해왔다.

동생이 죽은 후, 마르타는 후안 루이스가 이미 많은 사람들의 인생을 바꿔왔다는 것을 알게 되었고 그것은 큰 위안이 되었다. 마르타는 동생이 살면서 구현하고자 했던 가치를 자신이 이제 이어받아 실현해야 한다고 생각했지만 구체적으로 어떻게 해야 할지는 잘 몰랐다.

페이지에게 다시 의존하다

후안 루이스를 땅에 묻고 난 다음 날, 마르타와 웬스는 위스콘신주 매디슨에서 함께 꾸려나갈 새로운 인생을 준비했다. 위스콘신 대학교에서 마르타는 대학생들에게 사회학을 가르칠 예정이었었다. 그러나 당시 그 두 사람은 사실상 거의 빈털터리였다. 남동생이 낸 치명적인 사고로 마르타의 차는 완전히 망가졌고, 두 사람은 모아놓은 돈도 없었다. 어려움을 견디다 못한 마르타는 예전에 자신에게 도움을 주었던 루실 페이지한테 전화를 걸어 하소연했다.

"뭘 어떻게 해야 할지 모르겠어요. 오랫동안 가난하게 살아왔는데, 더 이상은 견딜 수가 없을 것 같아요."

루실은 마르타에서 1000달러를 보내겠다며 다시 시작하라고 격려했다. 마르타가 반드시 그 돈을 갚겠다고 하자, 루실은 말을 끊으며 이렇게 말했다.

"갚을 필요 없어. 기회가 되면 다른 사람을 도와주는 데 써."

동생이 남긴 삶의 가치를 가슴에 품고

위스콘신 대학교에서 학생들을 가르치기 시작한 지 얼마 되지 않아서, 마르타는 몇몇의 사회과학자로부터 미국 최초로 시행되는 멕시코계 미국인들에 대한 연구 조사에 자문을 맡아달라는 요청을 받았다. 질문 문항이 제대로 작성되었는지, 취지에 맞게 설계되었는지 검토해달라는 것이었다.

마르타는 '멕시코계 미국인 사회학자'라는 꼬리표에 맞서 싸우기로 했던

위스콘신 대학교에 인터뷰하러 가기 전 포즈를 취한 마르타. 위스콘신 대학교는 마르타가 처음으로 학생들에게 사회학을 가르친 곳이다. 그 이후 그녀는 곧 미국에서 점점 늘어나는 히스패닉 인구 문제와 관련한 최신 연구에 참여했다.

과거 자신의 맹세를 떠올렸다. 그러나 그 이후 살아가면서 너무나 많은 것이 변해서 이제는 그 요청을 받아들일 마음의 준비가 되어 있었다.

출신 민족과는 별개로 그녀는 이미 연구자로서 자신의 입지를 확고히 다져놓은 상태였다. 더구나 멕시코계 미국인들이 각자의 분야에서 성공하도록 도와온 동생 후안 루이스의 길을 이어가겠다고 맹세하지 않았던가! 이번에 요청받은 전국 단위의 조사 작업은 그 길의 첫발을 내딛는 것이라고 생각했다.

멕시코계 미국인들에 대한 조사에 마르타가 참여함에 따라, 미국 노동부는 히스패닉계 미국인들에 대해 시행했던 대대적인 인구 조사를 분석할 수 있도록 연구비를 지원했다. 선행 연구들을 보면, 히스패닉계를 멕시코인, 푸에르토리코인, 쿠바인처럼 국가별로 별개의 그룹으로 보거나, 미국 내 서로 다른 지역에 거주하는 사람들로 간주했다.

마르타의 연구는 모든 히스패닉계를 전국 단위로 비교하는 최초의 연구였다. 그녀는 컴퓨터로 산출한 데이터 목록을 면밀히 검토하면서 이 작업을 진행했다. 그 수치를 가지고 그녀는 미국 거주 히스패닉계의 평균 교육 수준, 노동 활동, 빈곤율, 소득 수준, 가구 구성(한 가정에 거주하는 사람들의 수와 가족들 간의 관계) 등을 비교 분석했다.

그러고 나서 마르타는 가족 구조, 교육 수준, 빈곤 수준, 미국

진로와 사회학

사회학자는 사회 전체에 영향을 끼치는 문제들을 이해하고, 해결하거나 완화하려는 다양한 시도를 하기 때문에, 그 앞에는 수백 개의 진로와 가능성이 열려 있다. 마르타 티엔다가 선택한 두 활동, 즉 교육과 연구는 사회학자가 당연히 해야 할 일이다. 사회학자는 또한 경영, 건강 관련 직업, 사법 제도 분야, 지역 사회 조직, 정부 조직에서도 자신의 일을 찾을 수 있다. 경제학자, 문화인류학자, 심리학자, 정치학자와 밀접하게 협업하며 일할 수도 있다.
사회학 학위는 경영, 사회봉사, 정치, 언론 등의 분야에서 경력을 쌓기에 좋은 토대를 제공해줄 것이다. 또한 사회학을 전공하면 법, 교육, 의학, 상담 등 석사학위 이상을 요구하는 직업으로 진출하는 데 도움이 된다. 석사학위나 박사학위는 훨씬 더 많은 가능성들을 열어준다. 박사학위를 취득한 사회학자는 대학 교수가 될 수도 있고, 인력개발 담당 매니저, 도시 계획가, 범죄학자, 재단 이사장 등이 될 수 있다.

에 거주하는 다양한 히스패닉 집단 사이의 취업률 등의 유사점과 차이점을 기술했다.

이렇게 작성된 마르타의 보고서는 이후 히스패닉 인구를 주제로 한 연구에서 반드시 참고해야 할 표준이 되었다. 이 연구로 그녀는 명성을 얻었고, 미국에서 촉망받는 젊은 사회학자들 중의 하나로 부상했다.

사람들의 목소리

마르타의 명성을 한층 더 확고하게 해준 또 다른 기회가 찾아왔다. 1980년은 10년마다 한 번씩 미국 인구 및 주택 조사가 실시되는 해였다. 히스패닉 이민자들의 전반적인 사회, 경제적 상태를 측정하기 위해, 마르타와 텍사스 대학교의 프랭크 빈Frank Bean 교수는 미국에 사는 히스패닉 인구를 조사하기 시작했다. 그들은 기존 연구 결과들을 꼼꼼하게 검토한 다음, 이전에 실시한 인구 조사 데이터와 1980년도 인구 조사에서 나온 새로운 증거들을 연구했다. 동시에 교육, 취업 형태, 연간 소득, 빈곤율 같은 경제적 특징도 함께 살펴보았다. 사회학자는 이 세 가지 지표를 가지고 한 인구 집단이 잘 살고 있는지의 여부를 파악할 수 있다.

1980년에, 미국 인구 조사 요원들은 가정 인구를 조사하려고 가가호호 방문했다. 질문지는 영어뿐만 아니라 스페인어로도 인쇄되었다.

프랭크와 마르타는 모든 정보를 적절히 통합해서 1960년대 이후에 히스패닉 사회에서 발생한 일련의 변화를 발견할 수 있었다. 그들이 발견한 내용은 충격적이었다. 히스패닉계 미국인들과 앵글로계 미국인들 사이에는 교육 수준과 하는 일, 소득 수준에서 엄청난 격차를 보인다는 것이었다.

1987년에 출간된 프랭크 빈과 마르타 티엔다의 연구 논문은 뛰어난 참고 문헌으로 간주되는데, 이 논문은 오늘날까지도 미국 거주 히스패닉에 대한 매우 상세한 정보를 제공한다.

프랭크와 마르타는 이 연구를 기초로 책을 공동 저술했다. 『미국 거주 히스패닉 인구*The Hispanic Population of the United States*』라는 이 책은 미국에 사는 히스패닉계를 다룬 최초의 권위 있는 책이었다. 이 책은 오래전인 1987년에 출간되었지만, 지금까지도 미국에 사는 히스패닉에 대해 정확한 정보를 얻을 수 있는 훌륭한 저서로 남아 있다.

오랫동안 무시되어온 사람들의 목소리를 대변함으로써, 마르타는 마침내 자신이 세상을 조금씩 바꾸고 있다는 느낌을 갖게 되었다.

여행을 갈 때마다 그녀는 언제나

아들 루이스를 데리고 다녔고,

그 모습은 곧 마르타의 동료들에게

익숙한 광경이 되었다.

생후 두 달 만에 루이스 가브리엘은 이미 어른 못지않게 비행기를 자주 타는 사람이 되었다.

10장

왜냐고 묻기

1982년에 마르타에게 조금 더 개인적으로 획기적인 사건이 생겼다. 아들 루이스 가브리엘Luis Gabriel이 태어난 것이다. 학교에서 학생들을 가르치는 동안에 아이를 맡아줄 사람을 고용하기는 했지만, 여행을 갈 때마다 그녀는 언제나 아들 루이스를 데리고 다녔고, 그 모습은 곧 마르타의 동료들에게 익숙한 광경이 되었다. 루이스는 기저귀를 찬 채 엄마를 따라서 미국 전역을 여행했고, 대학 학장들, 행정가들, 그리고 재단 직원들을 만났다.

1980년대 중반이 되자 마르타는 쉴 겨를도 없이 바빴다. 위스콘신 대학교에서 학생들을 가르치고 연구 활동을 시작한 11년 동안 그녀는 큰 업적을 남겼으나, 거기에 만족하지 않고 더 많은 성

루이스가 다섯 살 때 마르타는 시카고 대학교에서 학생들을 가르치기 시작했다.

과를 내고 싶어 했다. 새로운 도전 과제들과 씨름했고, 해결 방법들을 찾기 위해 노력했다.

마르타의 연구 업적에 감명을 받은 시카고 대학교의 사회학과 과장 윌리엄 줄리어스 윌슨William Julius Wilson은 1987년에 그녀에게 교수직을 제안했다. "시카고 대학교에서 더 잘해낼 수 있을 겁니다. 사회학 연구 분야에서 최첨단을 걷는 사람들하고 일하게 될 거예요."라며 마르타를 설득했다.

윌슨은 마르타 티엔다처럼 대담하고 독자적이며 창의적인 교수를 찾고 있었다. 그녀가 히스패닉계의 삶과 경험의 주요 측면을 모두 연구하는 미국 최초의 사회학자가 될 것이라고 믿었다. 마르타의 연구는 히스패닉계의 민족적·문화적 다양성과 노동 시장에서 겪은 경험뿐 아니라, 소득, 빈곤율, 자녀 수, 그 밖에도 수없이 많은 일상적 경험에 초점을 맞추고 있었다.

마르타는 자신의 경력에 최적의 기회라고 생각했다.

개인 사업을 하던 남편 웬스 역시 마르타가 시카고 대학교로 옮기는 게 사업을 확장할 수 있는 좋은 기회라고 여겼다. 마르타 부부는 짐을 싸고 곧 다섯 살이 될 아들 루이스와 함께 시카고로 떠났다.

산뜻한 패션 스타일

마르타가 첫 번째 교직원 미팅에 참석하려고 학장실로 들어갔을 때였다. 그 자리에 있던 남자 교수들은 아마 깜짝 놀랐을 것이다. 남자 동료들의 보수적인 나비넥타이와 트위드 재킷 사이에, 풍성한 검은 머리에 위아래가 붙은 데님 옷, 금색 라메 벨트와 라메 샌들을 신은 마르타의 모습은 유난히 눈에 띌 수밖에 없었다. 평소 하던 대로 손짓을 하면서 쉴 새 없이 빠르게 말을 시작하자, 팔찌가 서로 부딪쳐서 잘랑잘랑 소리를 냈다. 몇몇 교수들의 눈이 휘둥그레졌다.

마르타는 자신의 화려한 의상 스타일이 보수적인 시카고 교수들을 불편하게 만들지도 모른다는 사실을 알았지만 그것 때문에 주눅 들지는 않았다. 그녀에게 고정관념이라는 것은 아무 의미가 없었다. 그녀의 세계에서, '흰색 실험실 가운을 입은 세상 물정 모르는 자연과학자'라든가 '유행에 안 맞는 옷을 입은 촌스러운 사회과학자' 같은 고정

마르타의 풍성한 검은 머리와 멋진 패션 스타일은 시카고 대학교의 교수 사회에 파문을 불러일으켰다.

관념은 더 이상 설 자리가 없었다. 마르타가 공식적으로 발표하거나 의도적으로 노력하지 않았다 하더라도 어쨌든 그녀는 한 가지 분명한 메시지, 즉 "산뜻하고 멋진 패션 스타일이 좋다."는 것을 시카고의 대학 사회에 전달한 셈이 됐다.

데이터 파이를 조각내는 세 가지 방법

마르타는 위스콘신 대학교에서 인종적·민족적 집단을 대상으로 횡적cross-sectional 분석을 주로 해왔다. 이는 인구센서스 같은 데이터를 기반으로 특정 시점과 다른 시점의 결과를 비교하는 일종의 '스냅 촬영' 같은 연구였다.

이런 식의 양적 분석은 인구 집단이 일정 시간이 지난 후 어떻게 변했는지 보여준다. 예를 들어, 마르타는 서로 다른 히스패닉 집단들이 비록 똑같은 경제 조건에서 출발했다고 해도 그들 중 일부는 다른 사람들보다 더 성공했다는 사실을 자주 발견했다. 쿠바 사람들이 경제적으로 가장 성공했으며 멕시코 사람들이 그 뒤를 이었다. 반면 푸에르토리코 사람들은 경제적으로 더 악화되는 경우가 많았다. 푸에르토리코 사람들은 다른 두 집단에 비해 직업을 가진 사람이 더 적었고, 그나마도 다른 집단만큼 오래 직장을 다니지도 못했다. 이런 이유 때문에, 미국에 거주하는 푸에르토리코 사람들의 소득은 1970년대와 1980년대에 걸쳐 줄어들었다.

대체 푸에르토리코 집단에 무슨 일이 일어났을까? 마르타는 한 집단이 다른 집단보다 더 좋은 성과를 내는 이유를 규명해냈다. 시카고 대학교로 옮긴 이후, 그녀는 동일한 인구 집단에 대해 시간의 흐름을 좇아가면서 계속 살펴보는 새로운 시계열적 연구 방법을 시도했다. 이런 연구 방법은 종적longitudinal 분석 혹은 시계열 분석으로 알려져 있는데, 횡적 분석에서 발견된 변화의 원인이 무엇인지 파악할 수 있는 동태적 연구라는 장점이 있었다.

마르타는 질적 분석을 수행했다. 질적 분석은 주로 도시 빈곤 문제 및 가정생활 조사 프로그램에 참가한 피조사자들과의 대면 인터뷰를 통해 진행되었다. 질적 분석은 통계학에 인간의 얼굴을 입히는 노력의 일환이라고 할 수 있다.

양적, 종적, 질적 분석 같은 세 가지 타입의 분석을 종합하는 것은 해당 데이터에서 왜 특정한 패턴이 생겨났는지 알 수 있게 해주었다.

그중 한 가지 패턴은 히스패닉, 흑인, 백인 세 집단이 학교에서 직장으로 이행해가는 방식이었다. 마르타는 직업 전선에 뛰어들 무렵 각 집단이 장기간에 걸친 경제적 지위에 영향을 미치는 방식으로 행동했다는 사실을 발견했다.

우선, 히스패닉계는 학교를 중퇴하고 즉시 직장을 얻는 경향이

몇몇 히스패닉 집단이 다른 집단에 비해 더 공부를 잘하는지 알아내기 위해, 마르타와 그녀가 지도하는 대학원생 두 명은 시카고에 있는 여러 지역 사회를 면접 조사했다.

있었다. 이것은 처음에는 수입을 증대시키지만 결국 학교 교육이 부족하기 때문에 장기적으로 더 높은 사회적 지위를 얻거나 더 많은 소득을 얻는 데 한계로 작용했다.

흑인들은 히스패닉계보다는 학교에 더 오래 머무르는 경향이 있었다. 그러나 일단 직장을 찾기 시작하면 인종 차별의 벽에 부딪혀 직업을 찾는 데 더 오랜 시간이 걸렸다. 이 두 가지 이유 때문에 흑인들은 똑같은 교육 수준을 가진 백인들만큼 돈을 벌지 못했다.

백인들은 학교에 더 오래 머물렀으며, 직업을 찾는 데도 시간이 덜 걸렸다. 더 높은 교육 수준과 더 적은 인종 차별 덕분에 백인들은 시간이 흐르면서 다른 두 집단보다 훨씬 더 많은 돈을 벌게 되었다.

세대 간을 잇는 지도

마르타는 가족, 그중에서도 가족의 견해가 이주민들이 성공리에 교육을 마치는 데 어떤 역할을 하는지 궁금했다. 그녀는 그레이스 카오Grace Kao라는 중국계 미국인 대학원생의 도움을 받아서 히스패닉계와 아시아계 이민자, 흑인의 1, 2, 3세대 가족들을 연구했다.

1세대 가족은 부모와 자식 모두 다른 나라에서 태어난 경우를 말한다. 2세대 가족은 부모는 다른 나라에서 태어났지만 그 자식은 미국에서 태어난 경우다. 3세대 가족은 부모와 자식 양쪽 모두가 미국에서 태어난 경우를 말한다.

마르타와 그레이스는 2세대 학생들이 대체로 학교생활을 가장 잘한다는 사실을 발견했다. 마르타는 자기 가족을 예로 들어 그 이유를 설명할 수 있었다. 즉 자신의 아버지처럼, 외국에서 미국으로 이민 온 부모들은 자식들의 교육에 기대를 많이 건다. 바로 그것이 애초에 1세대가 미국으로 건너온 핵심 이유였기 때문이다.

이민자 부모들은 경제적·사회적 지위를 나타내는 사다리에서 자신들이 가장 밑바닥에 있다는 사실을 잘 알고 있다. 그러나 자신들이 열심히 일하면 적어도 자식들만큼은 계층 사다리를 타고 오를 수 있으리라는 강한 믿음을 품고 있다.

2세대 자녀들은 다른 나라에서 태어난 부모 세대와 달리 영어 실력이 좋다. 그래서 학교에도 더 잘 적응할 수 있다. 마르타도 그랬다.

3세대에 이르면, 이민자들은 미국 주류 사회의 가치관을 받아들이며, 그것에 동화된다. 성공한 이들은 스스로를 미국인이라고 생각하며 더 이상 자신들을 멕시코 사람, 한국 사람, 또는 자신의 부모 세대가 원래 태어났던 나라의 사람이라고 여기지 않는다. 반면 덜 성공한 사람들은 어느 분야에서 뛰어나고 싶다는 욕구 자체를 상실했는지도 모른다. 어째서 이런 세대 간 격차가 발생할까? 그것은 사회학자들이 여전히 대답하려고 노력하고 있는 질문 중 하나다.

학생들을 강하게 훈련시키다

대학 교수로 재직 중인 사회학자들의 중요한 임무 가운데 하나는 자신의 연구 이외에 다음 세대의 예비 사회학자들을 훈련시켜

키워내는 것이다. 마르타는 자신이 하는 멘토 역할을 진지하게 생각했다. 그녀는 많은 학생을 자기 밑에 두려고 했다.

마르타는 학생들 사이에서 논문의 단어 하나하나까지 꼼꼼하게 읽는 교수라는 평판을 얻었다. 전에 자신의 멘토였던 할리 브라우닝 박사 밑에서 교육받은 대로 그녀는 수업이나 논문을 지도할 때 사탕발림 소리를 하지 않았다. 면밀한 검토 과정을 견딜 때까지 논문을 계속 수정하려고 애쓰지 않는 학생에 대해서는 아량을 보이지 않았다.

이 때문에 몇몇 학생들은 마르타 교수를 어려워했다. 그러나 그것은 동시에 학생들에 대해 그녀가 얼마나 강한 의지를 가지고 지원하고 있는지를 설명해주는 반증이기도 하다. 일단 학생들의

마르타(아래 왼쪽)가 이제 막 박사학위 논문을 완성한 제자 레베카 라이즈만Rebecca Raijman을 축하해주고 있다. 함께 있는 사람들은 제프 모레노프Jeff Morenoff(가운데)와 에밀리오 파라도이다.

아이디어가 무엇인지 이해하게 되면 그녀는 학생이 그 아이디어의 외연을 계속 넓혀나가서 마침내 활짝 꽃 피울 수 있도록 열정적으로 지도했다.

1996년에, 마르타의 대학원생 중 하나였던 에밀리오 파라도 Emilio Parrado는 마르타의 콜롬비아 연구 여행에 동행하게 되었는데, 그는 내심 콜롬비아의 이곳저곳을 둘러보게 될 기회가 있을 거라고 기대했다.

그러나 완전히 헛물을 켜고 말았다.

에밀리오와 마르타는 매일 아침 일찍부터 밤늦게까지 일만 했던 것이다. 돌아오는 비행기에서, 에밀리오는 그녀가 항공사 잡지를 읽고 있는 것을 보고서 마침내 휴식을 취하고 있다고 생각했다.

이것 또한 틀린 생각이었다!

마르타는 한 기사에서 몇몇 구절에 열심히 밑줄을 치더니 여백에 메모를 계속했다.

마르타의 수업을 듣는 학생들은 마르타 교수에게 리포트를 제출하면 리포트가 교정용 빨간 잉크로 범벅이 되어 돌아올 것이라고 예상했다. "내가 빨간 펜을 많이 쓰는 것으로 유명하긴 하죠. 언젠가 4학년 학생의 논문 채점을 끝마치자, 그 학생이 리본으로 묶인 세 개의 빨간색 펜을 선물로 보낼 정도였으니까요." 그러나 마르타의 제자들은 그녀가 동료들의 논문에도 자신들의 것만큼 빨간 표시를 많이 한다는 사실을 알고 있었기 때문에 조금 위안을 받곤 했다.

세 명의 마르타

1989년에, 마르타와 웬스는 아들을 하나 더 낳아 카를로스라는 이름을 지어주었다. 두 명의 아들과 힘든 일 때문에, 마르타는 가끔씩 자신이 동시에 두세 곳 이상의 장소에 있어야 할 것 같은 느낌을 받았다. 1994년부터 1996년까지, 시카고 대학교의 사회학과 학과장을 지낼 때에는, 그녀는 필요한 곳이라면 어디든 존재하는 초능력자처럼 보였다. 사회과학자들이 연구 결과를 발표하는 〈미국 사회학 저널American Journal of Sociology〉 편집을 맡는가 하면, 여러 위원회와 이사회에 참여해 히스패닉, 가난, 고용에 대한 전문 지식을 공유했고, 정부 기관과 법정에서 증언을 하기도 했다.

1989년 9월, 마르타의 큰아들 루이스가 갓 태어난 동생 카를로스를 자랑스럽게 안고 있다.

한번은 마르타가 주거 차별 소송에서 법정 증언을 한 적이 있었다. 부동산 소유주가 기존 건물을 헐고

새로 개발하기 위해 자신 소유의 아파트에서 멕시코계 세입자들을 쫓아내려고 했던 사건이었다. 마르타의 증언으로 세입자들이 재판에서 이길 수 있었다. 재판 결과 쫓겨났던 사람들은 이미 무너진 건물들에 대해 손해 보상을 받았다. 그 나머지 사람들은 자기 집에 계속 살 수 있게 되었으며, 나머지 건물들도 철거하지 않고 남아 있게 되었다.

어떻게 한 사람이 그렇게 많은 장소에서 그렇게나 많은 일들을 할 수 있었을까? 그것도 동시에!

마르타 티엔다 교수의 종횡무진 활약상 덕분에 한번은 시카고 대학교 학생들의 연례행사인 교수 풍자극에서 그녀를 모델로 한 촌극이 만들어졌다. 대학원생들은 이 풍자극을 통해서 자신들의 교수들을 빗대어 애정 섞인 조롱을 할 수 있는 기회를 얻곤 했다. 혹시 이 풍자극을 공연할 때 이 책의 독자가 청중석에 앉아 있었다면, 그 사람은 다음과 같은 내용들을 봤을 것이다.

무대 위에서 마르타처럼 분장한 사람이 한 학생에게 논문을 개선하는 방법을 찾을 수 있도록 지도하는 장면이 등장한다.

그런데 같은 무대의 다른 장소에 마르타처럼 보이는 또 다른 사람이 교수 회의를 주재하고 있다. 이 두 번째 인물 역시 커다란 원 모양의 귀걸이를 하고 굽이 높은 구두를 신고 있었으며 짧은 미니스커트를 입었다. 평상시의 마르타처럼 말이다. 그리고 무엇보다도 마르타처럼 매우 빠르게 말했다.

그리고 무대에 또 다시 똑같이 옷을 입은 세 번째 마르타가 등장했을 때, 청중들은 웃음을 터트렸다. 폭소가 이곳저곳에서 터져 나왔다. 객석에 있던 진짜 마르타도 다른 관객들과 함께 크게 웃었다.

마르타를 알고 있는 사람들이라면 그녀가 진짜로 한꺼번에 세 곳에 동시에 나타날 수도 있다고 주장할 것이다!

이민자들이 겪는 것을

이제 마르타가 경험할 차례였다.

한 정통 유대교 신자가 예루살렘에 있는 통곡의 벽에서 기도를 하고 있다. 마르타는 이스라엘에서 지낼 때 이런 관습이 무척이나 생소했다.

11장

이민자의 경험

자신이 태어난 나라를 떠나면 이국땅에서 새로운 법률과 이상하게 느껴지는 낯선 생활방식을 처음 접한다고 상상해보라. 이 나라에는 자체 문자를 가진 다른 언어를 쓰는 사람들이 살고 있고, 당신은 언어를 전혀 알아듣지 못한 채 그 나라의 학교에 다녀야 한다. 그렇게 이민자들이 겪는 것을 이제 마르타가 경험할 차례였다.

마르타가 실제로 다른 나라로 이주하는 것은 아니었다. 그러나 1994년에 그녀와 두 아들, 네 살 카를로스와 열한 살 루이스는 이스라엘에서 석 달 동안 살 예정이었다. 마르타는 대학원 제자였던 이스라엘의 사회학자 하야 스티에르Haya Stier와 같이 책을 쓰기로 했다. 하야는 텔아비브 대학교에 몸담고 있었기에 마르타는

마르타와 카를로스가 예루살렘과 이스라엘 사이에 세워진 국경 검문소에 서 있다.

그것을 자신이 이스라엘을 알게 되는 좋은 기회라고 생각했다.

마르타와 남편 웬스는 생활의 우선순위와 재정 문제로 자주 언쟁을 벌였기 때문에, 웬스는 미국에 남았다. 슬프게도, 그녀의 결혼 생활이 거의 끝나가고 있었다. 몽상가에 가까웠던 웬스는 몇 가지 사업을 벌였다가 많은 돈을 까먹곤 했다. 가난에서 벗어나려고 너무나 열심히 일을 해온 마르타는, 남편의 사업 때문에 모든 것을 잃어버릴까 봐 조바심 내면서 평생을 살 수는 없었다. 그녀는 이번 이스라엘 여행이 혼자서 생활을 해나갈 수 있는지 알아보는 계기가 되기를 바랐다.

낯선 나라에서 이방인으로 살아보기

티엔다 가족이 이스라엘에 도착해 처음으로 겪은 것은 '굶주림'이었다. 그들은 이스라엘에서 두 번째로 큰 도시인 텔아비브에 토요일에 도착했다. 그러나 이스라엘의 상점들은 모두 닫혀 있었다. 금요일 해가 질 때부터 토요일 해가 질 때까지 계속되는 사바스Sabbath라는 유대교 안식일을 지키기 위해서였다. 호텔 룸서비스도 안 돼 티엔다 가족은 빵 두 조각과 주스 두 잔으로 허기를

루이스와 카를로스가 팔레스타인의 고대 도시 카이사레아Caesarea에 있는 원형극장 유적지 입구 근처에 서 있다.

달래야 했다. 마르타가 집에서 땅콩버터 한 병을 가져왔던 것이 그나마 다행이었다.

그 밖에도 몇 가지 자잘한 불편 사항 때문에 마르타는 날마다 짜증이 났다. 그녀는 가끔씩 슈퍼마켓에서 자신이 원하는 것을 구입하는 데 어려움을 겪었다. "이번 주 식료품 사는 날은 기분이 잡쳤다."라고 그녀는 이스라엘에 있는 동안 일기장에 썼다. "식료품점에 내가 필요로 하는 물건이 거의 없고, 히브리어를 읽을 수 없어서 어느 게 샤워크림인지 구별할 수도 없다. 코티지 치즈나 플레인 요구르트도 구별할 수 없으니 점점 더 울화가 치민다. 히브리어 실력이 부족해서 수치심을 느낀 적도 있다. 의사소통을 하려면 전적으로 다른 사람들에게 의존해야 한다."라고도 일기에 썼다. 마르타는 아버지가 젊은 시절 텍사스에 와서 영어를 알아듣지도 못하는 상태에서 생계를 이어가려고 일을 시작했을 때 어떤 좌절을 느꼈을지 그제야 비로소 이해할 수 있게 되었다.

텔아비브의 학교생활

마르타가 텔아비브 대학교에서 일하고 있는 동안, 두 아들은 이스라엘 학교에 입학했다. 카를로스는 유아원에 다녔다. 큰아들 루이스는 5학년 정원이 다 찼다는 단순한 이유로 6학년에 배정되었는데, 나중에 다시 시카고로 돌아왔을 때는 다시 5학년으로 들어갔다.

혼자 사는, 일하는 엄마 마르타는 딜레마에 빠졌다. '학교에서 오후 1시 30분이면 돌아오는 카를로스를 어떡해야 하지?'

해결책은 큰아들 루이스가 동생을 집으로 데려와 마르타가 퇴근하는 2시 45분까지 돌볼 만큼 성장했다는 사실을 인정하는 데서 시작되었다. 큰아들이 동생을 돌보는 대가로 마르타는 시간당 2달러를 지불했다.

마르타와 함께 일하는 사람들은 다들 영어를 할 수 있었기 때문에, 언어가 그녀의 연구에 장애가 되지는 않았다. 그러나 수업을 히브리어로 진행하는 아이들 학교는 전혀 다른 문제였다.

카를로스의 교실은 널찍하고 시끌벅적했다. 네댓 살 먹은 35명가량의 아이들이 선생님의 관심을 끌려고 소리를 질렀는데, 선생님 자신도 소리를 지르면서 아이들을 관리했다.

루이스는 카를로스와는 다른 문제가 있었다. 몇 달 안에 도저히 배울 수 없는 언어로 상급 과정의 수업을 따라잡아야 했으니 말이다. 작은아들은 최선을 다했고 세상 어디든 비슷한 숫자나 기호를 사용하는 수학에서는 나름대로 성과를 내기도 했다.

가난한 사람들이 말하는 자신의 이야기

아이들이 학교에 가 있는 낮 시간에, 마르타는 데이터를 분석하고 하야와 공동으로 집필하는 책의 초안을 작성했다. 『기회의 색: 가족, 복지 그리고 직업으로 가는 통로*The Color of Opportunity: Pathways to Family, Welfare, and Work*』라는 제목의 책은 시카고 도심에 위치한 빈민가의 소수 민족을 다루고 있다. 마르타는 여러 설문 문항을 만들고 전체 조사 설계를 도왔을 뿐만 아니라 그녀 자신이 직접 공동 연구자가 되었다. 이는 그녀가 연구를 주도적으로 이끌어나갔다는 뜻이다. 당시 약 2500명의 사람들을 조사해서 방대한 데이터를 수집했다. 또한 그 조사에서는 지역 주민들과의 대면 인터뷰가 필요해서 가난하고 위험한 곳들을 연구원들이 직접 방문했기 때문에 선구적인 조사로 평가받았다. 질문 내용은 다음과 같다.

1971년에 출간된 『기회의 색』은 마르타와 하야가 공동으로 저술한 책 중 최고의 책이다. 이 책은 시카고 도심에 사는 소수 민족들을 연구했다.

시카고의 도시 빈민 실태를 연구하기 위해, 하야와 마르타는 연구원들이 도심지 공공 주택을 직접 방문해 주민들을 인터뷰하게 했다.

"당신은 자신이 멕시코인이나 푸에르토리코인의 후손이라고 생각합니까? 만약 그렇다면, 어느 쪽 후손이라고 생각합니까?"

"당신은 백인과 흑인 중 어느 쪽 인종이라고 생각합니까?"

"당신은 고등학교를 졸업했습니까?"

"당신 어머니의 최종 학력은 어떻게 됩니까?"

"14세 이전에 당신의 가족이 공공기관의 도움을 받은 적이 있습니까?"

마르타와 하야는 설문 데이터를 분석해서 다음과 같은 질문에 답을 구하려고 했다. 빈민가에 모여 사는 사람들은 가정을 이루는 방식에서 일반 도시 지역 빈민층과 어떻게 다를까? 그들은 복지 혜택을 받을까? 그들은 어떻게 일자리를 구하고 유지할까?

데이터 분석 결과, 마르타와 하야는 가난한 도시에 사는 소수민족이 일반 도시민들과 달리 장기간에 걸쳐 누적적으로 큰 불이익을 받아왔다는 사실을 알게 되었다. 반면 도시 빈민 지역에 사는 절대 빈곤층과 상대 빈곤층 사이에서는 그 차이가 크지 않았다. 빈민가에 사는 사람들은 교육 측면이나 직업 시장에서 기회가 거의 없기 때문에 성공하지 못했다. 마르타와 하야는 미국 사회에서 피부색 때문에 경제적인 기회를 제약받는 많은 요인들을 발견했고, 이를 책에 담았다.

대중의 마음을 사로잡다

마르타는 책을 집필하거나 잡지 원고를 쓰면서 많은 밤을 지새우곤 했다. 그녀는 또한 텔아비브 대학교에서 자신이 해온 연구에 대해 강의하기도 했다. 특히 미국의 노동 시장에서 푸에르토리코 사람들의 생활 실태를 주제로 한 강의는 많은 이목을 끌었다.

마르타가 수치와 통계를 인용하는 한편, 푸에르토리코 사람을 포함해 소수 민족 빈민 이민자들이 직업을 찾고 일자리를 유지할 때 겪는 어려움을 구체적인 예를 들어 설명하자 강의를 듣던 수많은 사람이 감동을 받았다.

살아 숨 쉬는 역사를 느끼다

마르타와 두 아들은 이스라엘에서 지낸 석 달 동안 성지를 순례했다. 약 2000년 전에 로마와 싸우다 곤경에 처한 유대인 반란군들이 집단 자살을 했던 마사다Masada 지역을 방문하고, 지구 상에서 가장 낮은 지점이자 바다보다 물맛이 여섯 배나 더 짠 호수 사해Dead Sea를 방문하기도 했다.

마지막 달에는 마침내 이스라엘의 수도이며 유대교, 이슬람교, 기독교의 성지이기도 한 예루살렘에 들렀다. 예루살렘을 방문한 그날, 바람과 함께 차가운 비가 내렸는데 시카고 날씨와 비슷해서 마르타와 두 아들에게는 딱 맞는 날씨였다. 마르타는 좁고 사람들로 붐비는 구불구불한 길로 이루어진 예루살렘의 옛 도시를 걸으면서, 자신이 마치 그 시절로 돌아가 여행을 하고 있는 것 같았다. 이스라엘의 사회과학자 주다 마트라스Judah Matras는 2000년 전에 파괴된 위대한 신전의 잔재 '통곡의 벽'을 보여주기 위해 그들을 예루살렘의 유대인 광장으로 데려갔다. 두 아들이 안내인과 함께

사람들은 예루살렘의 유대인 거주지에 있는 통곡의 벽으로 기도하러 찾아온다. 어떤 사람들은 종잇조각에 기도를 적어 돌 틈에 끼워넣었다.

여자들의 입장이 금지된 기도실에 들어갔을 때, 마르타는 돈벌이를 위해 이용되는 기발한 방법들을 보고 감탄했다. 그곳에는, 팩스로 미리 신청하고 돈을 지불한 이들을 통곡의 벽돌 사이에 있는 틈이나 금 간 곳으로 데려가 그곳에 종잇조각을 끼워넣을 수 있게 하는 서비스도 있었다.

차이를 포용하다

이스라엘 여행 덕분에 마르타는 싱글맘의 생활이 어떤 것인지

생생하게 경험했다. 특히 아이들이 아프거나 다쳤을 때, 일과 부모의 역할 사이에서 균형을 잡는 것이 버겁게 느껴지기는 했지만, 그녀는 남편과 이혼해도 혼자서 잘해낼 수 있는 것이라는 자신감을 얻었다.

3개월이 지나 마르타 가족이 짐을 싸서 시카고의 집으로 돌아갈 시간이 되었다. 미국으로 귀국하기 전에 이들 가족은 아들 루이스를 위한 친구들의 파티, 카를로스를 위한 파티, 마르타를 위한 동료들의 파티, 가족 모두를 위한 많은 파티에 참석했다. 마르타는 이스라엘과 이스라엘 사람들을 좋아했고 소중하게 여겼다. 그녀의 일기에 분명하게 나오듯이, 그녀는 문화 간의 차이점들을 포용하는 법을 배웠다.

"이제 이스라엘이 왜 토요일에 문을 닫는지 이해가 된다. 그날은 친교를 맺고 우정을 더 깊이 가꾸어가는 날이며, 다른 사람들과 경쟁해서는 안 되는 날이다. 모든 상점이 문을 닫는 안식일 관행 때문에 처음엔 많이 불편하고 허둥댔지만, 이제 그것이 보호해야 할 좋은 관습이라고 믿는다. 인생이란 단순히 그날그날을 살아가는 것일뿐더러 하루쯤 여유를 가지고 즐겨야 한다는 것을 알게 되었다."

표본 추출하기

사회학자는 사람들의 특정 모집단에 관한 정보를 알아보려 할 때, 전수 조사를 하지 않는다. 대신 표본, 즉 해당 모집단의 일부를 가지고 판단의 근거로 삼는다.

왜 그럴까? 모집단 전체의 정보를 수집하는 데 비용과 시간이 너무 많이 들어 조사가 거의 불가능하기 때문이다.

그러면 사회학자는 어떻게 표본을 추출할까? 표본은 무작위로 선택되기도 하는데, 그 경우 표본은 해당 모집단의 특징을 소규모로 대표한다고 간주한다. 경우에 따라서는 모집단의 어떤 특징들, 예컨대 인종이나 교육이 끼치는 영향력을 알아보기 위해 표본을 선택하기도 한다. '도시 빈곤 문제와 가족생활에 대한 조사'는 이 두 가지 접근 방법을 결합했으며, 마르타와 하야가 저술한 책 『기회의 색』의 기초가 되었다.

마르타의 조사는 우선 빈곤율이 20퍼센트 이상인 지역에 거주하는 사람들만 포함시켰다. 그런 다음 연구원들은 그 표본을 흑인, 백인, 멕시코인, 푸에르토리코인 등 네 개의 인종적·민족적 집단으로 더 세분화한 다음 각 인종적·민족적 집단에서 무작위로 하나의 표본을 선택했다. 연구원들은 이런 식으로 330개의 지역을 우선 선정한 다음 표본 수를 125개 지역으로 다시 좁혔다. 그 125개 지역에서, 연구원들은 무작위로 약 2만 1000개의 주거지에 대한 적합성(나이, 성별, 인종, 부모의 사회적 지위 등)을 선택하고 검토했다. 최종 선택된 표본은 거의 2500명 정도였는데, 연구원들은 이들 모두를 개별적으로 직접 인터뷰했다.

시카고 저소득층 주민들은 마르타와 하야 스티에르가 뽑은 표본의 모집단이었다.

"결국에는, 가장 중요한 책임 하나만 남아요.

그게 바로 가족이에요."

루이스, 마르타, 카를로스가 멕시코 칸쿤Cancun 여행 때 앵무새들과 함께 즐겁게 놀고 있다.

12장

마르타의 꿈

나뭇잎이 우거진 뉴저지 캠퍼스의 한 석조 건물 안에, 학생 여섯 명이 마르타 티엔다 교수의 말을 주의 깊게 들으면서 윤기 흐르는 테이블 주위에 앉아 있었다. 프린스턴 대학교의 사회학과 학생들이었다. 마르타는 아이들에게 더 좋은 교육 환경을 만들어주기 위해 시카고 대학교를 떠나 1997년 교수 겸 연구원 자격으로 프린스턴 대학교로 자리를 옮겼다. 시카고에 사는 게 루이스와 카를로스에 어떤 영향을 끼칠지 걱정하던 마르타는 우수한 공립학교와 안전한 거리를 내세우는 곳을 찾기 시작했다. 프린스턴 대학교가 있는 도시는 잎이 무성한 가로수 길, 우아한 주택, 그리고 명문 학교가 있었다. 모든 면에서 기대를 넘어서는 곳이었다.

프린스턴 교정에서 벌어진 축구 경기에서 카를로스가 골을 넣자 기뻐하는 마르타.

마르타는 남편과 이혼하고 '한부모'가 되기로 결심한 것이야말로 자신이 한 일 가운데 가장 중요한 선택이라고 믿었다. 방대한 업무를 앞에 두고 두 아들을 위해 엄마와 아빠 역할을 둘 다 해야 하는 문제는 항상 그녀를 힘들게 만들었다. 그녀는 그것을 '미친 갈등'이라고 불렀지만, 그럼에도 그녀에게는 늘 가족이 최우선이었다.

2001년에 전남편 웬스가 암으로 사망하자, 마르타는 석 달 동안 모든 학술대회와 강연을 취소하고 두 아들 옆에 있었다. 또 루이스가 대학 신입생 시절 우울증으로 힘들어할 때는, 루이스 옆에 있기 위하여 여러 위원회의 위원직을 망설임 없이 사퇴했다. 또 그녀는 두 아들을 돌보는 데 도움이 필요할 때면 가족과 친구들에게 거리낌 없이 부탁했다. "결국에는, 가장 중요한 책임 하나만 남아요. 그게 바로 가족이에요."

미국 동부로 이사한 것은 마르타에게 현명한 선택이었다. 프린스턴 대학교는 세계에서 가장 권위 있으며 존중받는 대학 중 하나였다. 그곳에서 마르타는 종종 소규모의 대학원생들을 대상으로 한 세미나를 열어, 양적 연구 방법론을 가르쳤다. 30년 전 그녀의 멘토였던 할리 브라우닝 박사가 그랬듯이, 그녀는 검증 가능한 질문을 만들어내고 그 결과를 작성하는 방법을 지도했다.

어느 화창한 가을날, 마르타는 수업 과정 중 하나로 작성했던 연구 제안서를 주제 삼아 학생 여섯 명과의 토론을 이끌고 있었다. 각각의 제안서는 학생이 발견하고 싶어 하는 것에 맞춰 명확한 연구 질문을 하나씩 제시해야 했다. 연구 제안서를 검토하면서 마르타는 개별 학생에게 추가 질문을 하곤 했다.

"어째서 이 질문이 중요하지?"

"그 대답을 찾으려고 다른 사람들은 무엇을 해왔을까?"

"그 답을 얻기 위해 너는 무엇을 할 거야?"

학생들 중의 한 명이 마르타의 날카로운 질문에 어쩔 줄 몰라 하며 당황하자, 그녀는 비판을 주고받는 것 자체가 수업 과정의 중요한 목표라는 것을 확실하게 설명해주었다. 마르타는 자신을 분발하게 만들었던 요인 가운데 하나가 브라우닝 박사의 날카로운 비평이었다는 것을 분명히 알고 있었다. 그녀는 학생들도 자기처럼 비판을 받아들이고 노력해주기를 바랐다.

마르타는 학생들의 연구에서 세밀한 점들을 지적하면서 새롭게 도전해보도록 지도했다.

한 학생이 전문 용어, 즉 요즘 유행하는 학술 용어로 가득 채운 리포트를 읽어가자, 마르타는 이렇게

충고했다. "자네는 좀 단순한 영어로 소통해야 할 것 같은데. 사람들은 간혹 실체가 부족한 것을 숨기려고 혼란스러운 방식으로 글을 포장하거든."

'이런, 꼭 할리 선생님처럼 말하고 있잖아!' 마르타는 학생에게 했던 말이 할리가 예전에 자신에게 했던 말처럼 들린다고 생각했다. 그녀는 풋내기 사회학자로서 출발하려고 할 때 별로 훌륭하지 못한 자신의 글에 대해 할리 교수가 해주었던 충고를 분명하게 기억하고 있었다. "만약 자네가 좋은 사회학자가 되고 싶다면, 글을 명확하게 또 설득력 있게 쓰는 법을 먼저 배워야 해. 잘 쓴 문장 하나가 사진 1000장하고 맞먹는 법이거든."

가끔씩 마르타의 세미나에 참석했던 몇몇 학생들은 주어진 과제에 짓눌린 것처럼 보였다. 그럴 때마다 마르타는 사회학을 막 시작했을 때의 경험을 상기하면서, 다음과 같은 말로 학생들을 안심시켰다. "여러분도 30년간 내공을 쌓으면 이 정도는 별거 아니라고 여길 거예요."

공평한 경쟁의 장

1999년부터 마르타는 대학의 학생 선발 과정을 중점적으로 연구했다. 많은 대학에서 지원자의 인종과 민족에 따라 특별 가산

점을 부여하는, 이른바 '소수자 우대' 정책이라고 많이 부르는 정책을 포기하려는 움직임이 일고 있었다.

마르타는 소수자 우대 입학 정책은 기회의 평등을 제공하는 중요한 정책이라고 믿었다. 그것은 자격을 갖춘 소수 민족 학생들을 찾은 다음 그들에게 그런 정책이 아니라면 꿈도 못 꾸는 대학의 교육 기회를 제공하는 정책이다. 그녀는 그 정책이 자격 없는 학생들에게 대학 입학을 허용함으로써 대학의 수준을 떨어뜨린다는 일부의 주장을 인정하지 않았다.

마르타가 지적하듯, 그녀 자신이야말로 소수자 우대 정책의 성공 사례였다. 그녀가 대학원을 다닐 수 있게 도와준 '히스패닉계와 다른 소수 민족들을 위한 장학금'이 없었다면, 오늘날 그녀는 프린스턴 대학교에서 미래의 사회과학자들을 가르치는 사람이

마르타는 텍사스 상위 10퍼센트 법이 어떻게 텍사스 대학교 오스틴 캠퍼스 같은 학교의 학생 인구 수에 영향을 끼치는지 연구했다.

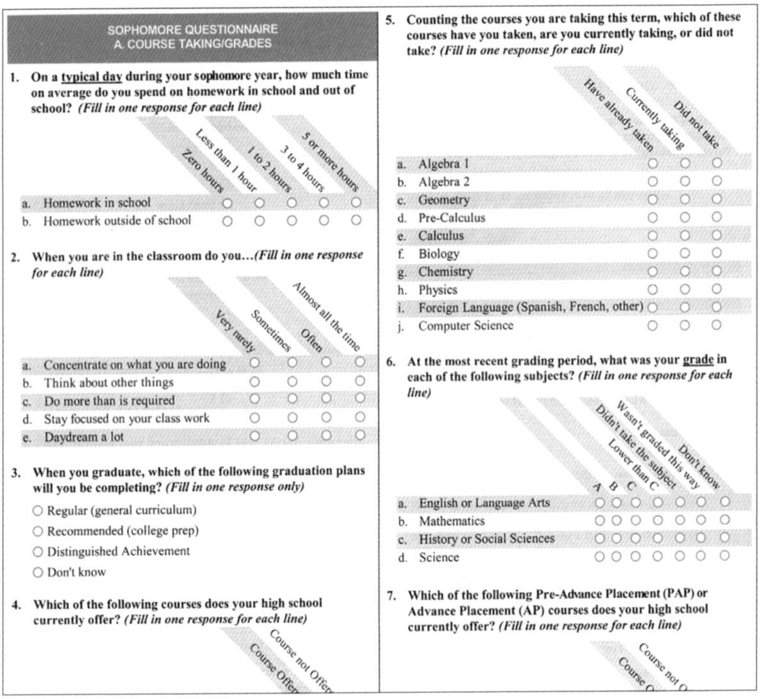

SOPHOMORE QUESTIONNAIRE
A. COURSE TAKING/GRADES

1. **On a typical day during your sophomore year, how much time on average do you spend on homework in school and out of school?** ***(Fill in one response for each line)***

	Zero hours	Less than 1 hour	1 to 2 hours	3 to 4 hours	5 or more hours
a. Homework in school	○	○	○	○	○
b. Homework outside of school	○	○	○	○	○

2. **When you are in the classroom do you...*(Fill in one response for each line)***

	Very rarely	Sometimes	Often	Almost all the time
a. Concentrate on what you are doing	○	○	○	○
b. Think about other things	○	○	○	○
c. Do more than is required	○	○	○	○
d. Stay focused on your class work	○	○	○	○
e. Daydream a lot	○	○	○	○

3. **When you graduate, which of the following graduation plans will you be completing?** ***(Fill in one response only)***

○ Regular (general curriculum)
○ Recommended (college prep)
○ Distinguished Achievement
○ Don't know

4. **Which of the following courses does your high school currently offer?** ***(Fill in one response for each line)***

Course Offer... Course not Offer...

5. **Counting the courses you are taking this term, which of these courses have you taken, are you currently taking, or did not take?** ***(Fill in one response for each line)***

	Have already taken	Currently taking	Did not take
a. Algebra 1	○	○	○
b. Algebra 2	○	○	○
c. Geometry	○	○	○
d. Pre-Calculus	○	○	○
e. Calculus	○	○	○
f. Biology	○	○	○
g. Chemistry	○	○	○
h. Physics	○	○	○
i. Foreign Language (Spanish, French, other)	○	○	○
j. Computer Science	○	○	○

6. **At the most recent grading period, what was your grade in each of the following subjects?** ***(Fill in one response for each line)***

	A	B	C	Lower than C	Didn't take the subject	Wasn't graded this way	Don't know
a. English or Language Arts	○	○	○	○	○	○	○
b. Mathematics	○	○	○	○	○	○	○
c. History or Social Sciences	○	○	○	○	○	○	○
d. Science	○	○	○	○	○	○	○

7. **Which of the following Pre-Advance Placement (PAP) or Advance Placement (AP) courses does your high school currently offer?** ***(Fill in one response for each line)***

Course O... Course not O...

마르타 연구팀이 만든 설문지의 한 페이지. 이 조사로 수집된 데이터는 텍사스 상위 10퍼센트 플랜 연구에 도움이 되었다.

되지 못했을 것이다.

1990년대 중반, 대학 입학이 거부된 한 백인 학생이 소수자 우대 정책이 부당하다며 소송을 제기했다. 소송 결과, 마르타가 박사학위를 받았던 텍사스 대학교와 다른 공립대학은 1996년 소수자 우대 정책을 폐지했다.

이에 맞서 텍사스주는 텍사스의 공립대학이 학생의 다양성을 유지하게 할 수 있는 방침을 공들여 만들었다. 텍사스의 '상위 10

퍼센트 법Top 10 Percent Law'이 그것이다. 이 법은 고등학교 성적이 상위 10퍼센트 이내에 드는 졸업생은 누구라도 주립대학교에 입학할 수 있도록 보장해준다.

마르타는 예전에 자신이 박사 논문을 지도했던 텍사스 대학교의 테레사 A. 설리번Teresa A. Sullivan과 함께 그 방침이 텍사스주에서 소수 민족 학생들의 대학 등록률을 높일 것인지 아니면 오히려 급감시킬 것인지 여부를 알아보는 실증 연구를 시작했다. 마르타의 연구팀은 텍사스에 있는 고등학교 2학년과 3학년 중에서 표본을 추출해 설문지를 3만 4000명에게 보냈다. 그런 다음 그 학생들이 고등학교와 대학을 관통하면서 어떤 성장 과정을 거치는지 추적하기 시작했다.

혼합된 결과

연구 결과, '텍사스 상위 10퍼센트 플랜'(이하 '10퍼센트 플랜'으로 약칭)이라는 제도에 대해 뒤섞인 결과가 나왔다. 마르타는 우선 그 방침이 주 전체에 걸쳐 소외된 지역 학생들에게 텍사스주 최고의 공립대학을 다닐 기회를 부여했다는 사실을 확인했다.

10퍼센트 플랜이 입법화되기 전에는 가난한 시골 지역 고등학교들은 텍사스주의 대표적인 상위 2개 대학교인 오스틴이나 텍사스 A&M 대학교에 학생을 거의 보내지 못했다.

그러나 10퍼센트 플랜이 완벽했던 것은 아니었다. 가장 큰 문제는 학급 성적이라는 양적 요인 한 가지만 과대평가하는 경향이 발생했다는 점이다. 그 결과, 오스틴에 있는 텍사스 주립대학교(텍사스 오스틴 대학교)에는 '상위 10센트 안에 드는 학생들'이 엄청나게 몰려들었다. 다만 상위 10퍼센트라는 숫자에 집착하다 보니 그 플랜은 대학이 적당하다고 여기는 수준의 신입생 교실을 구성하는 데 융통성을 발휘할 여지가 없었다.

바로 그런 점을 문제 삼아 10퍼센트 플랜에 반대하는 사람들이 많았다. 성적이 상위 10퍼센트 바로 아래이긴 하지만 여러 가지 면에서 자격이 더 있는 학생들을 제외시키고, 대신 대학 수업 준비가 덜 된 소수 민족 학생들이 대학에 넘쳐나게 만들었다는 것이다. 반대론자들은 그 법이 텍사스의 가장 똑똑한 학생들 중 일부를 그 주를 떠나 다른 곳의 학교로 가게 만들 것이라고 우려했다.

그러나 마르타는 이런 주장들에 근거가 있는지 실증 연구를 하기 시작했다. 사회학자들이 연구 활동에 사용하는 방법을 이용하여, 그녀는 10퍼센트 플랜에 대한 공격이 확실한 사실에 의거한 것이지 아니면 단순 의견에 불과한지 알아보기 위하여 검증 가능한 가설을 세웠다. 그녀는 "경쟁이 치열한 고등학교를 다녔기 때문에 성적이 상위 20퍼센트 안에 든 학생들이 자동으로 텍사스주의 대학 입학이 거부되어 다른 주의 대학으로 더 갈 것 같다는 것이 사실입니까?"라고 물었다.

이 질문에 답하기 위해, 마르타와 동료 연구진은 두 번째 인터뷰에서 어느 학생들이 대학에 등록했는지, 등록했다면 어느 대학에 등록했는지, 그것을 기록한 데이터를 함께 검토했다. 실증 연구를 통해 연구팀이 찾은 답은 "아니요"였다. 실제로 몇몇 학생이 텍사스주를 떠났지만, 자신들의 자유 의지로 선택한 것이지 어쩔 수 없이 떠나게 된 것은 아니라는 것을 실증 데이터가 보여주었다. 다시 말해서, 그들은 10퍼센트 플랜이 아니더라도 다른 이유로 결국 텍사스주를 떠났을 것이었다.

대학 강의실에서 마르타는 자기 일에 대해서 느끼는 열정을 학생들에게 보여주었다. 개인의 경험과 지적 훈련 덕분에 마르타는 '텍사스 상위 10퍼센트 법'을 둘러싼 논쟁을 연구할 최적임자였다.

2004년 6월에 텍사스 주의회 앞에서 폐지될 위기에 처한 상위 10퍼센트 플랜이 계속 시행되어야 한다고 주장하면서 마르타는 이 실증 데이터를 증거로 사용했다. 그녀는 10퍼센트 플랜이 잘못 설계되었다는 주장을 강하게 비판했을 뿐만 아니라 그 법을 좀 더 공정하고 취지에 맞게 만들기 위한 방법론까지 제시했다. 대학 지원자의 70퍼센트를 상위 10퍼센트 정책에 맞는 학생들로만 선발하는 대신 대학지원자의 50퍼센트를 상위 10퍼센트 정책에 맞는 학생들로 뽑게 제도를 완화하면, 대학 당국이 좀 더 다양한 학생을 선발할 여지를 가지게 될 것이라는 대안이었다. 그렇게 되면 대학은 단지 학급 성적이 아니라 음악과 스포츠, 리더십까지 뛰어난 학생들을 뽑을 수 있게 된다고 그녀는 증언했다.

모든 사람이 다 마르타의 솔직함을 환영했던 것은 아니다. 자녀가 1순위로 지망한 대학교에서 떨어지자, 주류 사회 부모들이 보낸 이른바 '증오 메일'이 마르타의 메일함을 꽉 채웠다. 그런다고 위축될 마르타가 아니었다. 모든 학생들에게 대학에 들어갈 동등한 기회를 부여하려는 그녀의 노력은 거침없이 계속되었다.

신념의 확산

마르타에게 사회학자가 된다는 것은 실증 연구를 하고 그것을 논문으로 작성하는 것보다 훨씬 더 많은 것을 의미했다. 그녀는 미국 전역에 있는 대학, 공공 기관, 사설 기관들을 대상으로 자신의 연구 결과를 설명했다. 좋은 학교에 갈 수 있는 공정한 기회와 접근권의 중요성을 강조함으로써 그녀는 더 나은 사회를 만들기 위하여 자신의 연구가 많이 확산되고 인용되기를 희망했다.

그녀는 2003년에 미국에서 가장 뛰어난 사회학자들 중의 한 명이라는 평판을 얻었다. 그 평판 덕분에 그녀는 국립과학학술원

1997년 당시 퍼스트레이디였던 힐러리 클린턴Hillary Clinton과 함께한 마르타는 미국에서 가장 뛰어난 사회학자의 일원으로 인정받았다. 그녀는 교육 분야의 동등한 기회에 지지 입장을 밝히는 것이 얼마나 중요한지 잘 알고 있었다.

이 의뢰한 미국 거주 히스패닉에 대한 주요 연구를 맡게 되었다. 히스패닉은 미국에서 가장 큰 소수 민족이었고, 인구는 점점 더 늘어나고 있었다.

마르타가 맡게 된 위원회의 보고서는 직장, 의료 보험, 학교 등 여러 분야에서 히스패닉 가족과 지역 사회의 현황이 어떤지를 설명했다.

특히 히스패닉계 어린이와 청소년층이 겪는 어려운 처지에 초점을 맞추었는데, 이는 성장기의 히스패닉들을 돕는 것이 어른이

마르타는 히스패닉계 아이들이 당장 겪고 있는 어려운 처지를 해결해주는 것이 나중에 어른이 됐을 때 그들의 삶을 향상시킬 것이라고 믿고 있다.

되었을 때 그들의 삶을 더 향상시킬 수 있기 때문이었다.

마르타의 위원회 보고서에서 언급된 여러 가지 문제점 가운데 하나는, 미국에서 태어나고 자란 히스패닉 아이들이 다른 나라에서 태어난 후 미국에 온 히스패닉 아이들만큼 건강하지 않다는 것이었다. 그 차이는 아이들이 먹는 음식 때문에 발생했다. 미국에서 태어나고 자란 히스패닉 아이들은 패스트푸드를 많이 먹는 반면, 남아메라카에 사는 친척 아이들보다 신선한 과일이나 채소를 덜 먹는다. 그 결과, 그들 중 상당수가 심지어 아주 어린 나이에 비만이 된다. 이는 성인이 된 후 당뇨나 심장병 같은 다른 건강상의 문제점으로 진행될 위험이 높다는 것을 뜻한다.

이와는 달리, 이민 온 히스패닉 아이들은 패스트푸드를 상대적으로 덜 먹으며, 파인애플, 바나나 등의 과일이나 채소뿐 아니라 토르티야나 콩 같은 건강식품을 즐겨 먹는다. 즉, 미국이 부자 나라이기는 하지만, 미국에서 사는 것 자체가 위험을 내포하고 있다. 이것은 마르타 티엔다와 그레이스 카오가 이민자와 교육이라는 주제로 실시한 연구에서 발견한 것과 일치하는 내용이다.

지식은 능력을 부여한다

마르타는 '미국의 소수 민족에 대한 교육의 중요성'을 다루는 연구 프로젝트에 많이 관여하고 있다. 그녀의 연구 결과는 자신의 개인사를 반영한다. 즉 '양질의 교육은 향후 아이들의 성공 여부를 결정짓는 가장 중요한 요인'이라는 것이다.

마르타는 자기처럼 읽을 책이나 잡지도 없는 가난하고 소외된 가정의 아이들에게는 양질의 교육이 몇 배나 영향을 끼칠 수 있다는 것을 잘 알고 있다. 마르타처럼, 히스패닉계 아이들은 대다수 고등학교도 졸업하지 못한 부모 밑에서 자란다. 그러다 보니 취학 전에 기본적으로 익혀야 할 읽기와 산수 실력이 심각하게 부족하다. 그로 인해 대학 자체를 알게 될 기회가 줄어들며, 실제로 히스패닉계는 백인들에 비해 훨씬 낮은 대학 진학률을 기록하고 있다.

마르타는 운이 좋았다. 그녀의 아버지 토비 티엔다는 좋은 교육이 더 나은 삶을 가꾸는 데 매우 중요한 요인이라고 믿었다. 오늘날, 마르타도 아버지의 꿈을 뒤따르고 있다. 그 꿈은 불우한 처지의 아이들에게 교육과 기회 균등의 혜택을 주는 것이다.

토비 역시 뒤늦게나마 자신의 꿈을 좇았다. 1981년 텍사스로 다시 돌아간 토비는 일흔넷의 나이로 고등학교에 입학해 열심히 공부했고 결국 졸업장을 땄다. 2004년 여름 어느 날 오후, 텍사스로 출장 간 마르타는 아버지와 함께 어린 시절을 보냈던 추억

마르타가 살던 옛 지역을 방문했을 때의 사진. **왼쪽 사진** : 일흔넷의 나이에도, 마르타의 아버지 토비는 자신의 꿈을 계속 좇아 결국 고등학교 졸업장을 받았다. **가운데 사진** : 마르타와 여동생 이레네가 하트윅 거리에 있는 어린 시절 집에 들렀다. **맨 아래 사진** : 마르타는 또한 어려울 때 항상 자신을 믿어주던 루실 페이지도 방문했다.

의 장소들을 다시 가봤다. 아버지의 새 GMC 픽업트럭으로 남부 텍사스 거리를 이곳저곳 다니는 동안, 마르타는 사람들이 길거리에서 그리고 가게에서 하루를 시작하는 것을 바라보았다.

그들을 바라보면서, 그녀는 살아온 지난날을 돌이켜보았다. 그녀는 몸을 돌려 옆에 앉은 아버지를 자랑스럽게 쳐다보았다. 그는 좋은 교육이 지닌 힘을 확고하게 믿으며 마르타가 열심히 학교생활을 하도록 격려해준 사람이다.

막연히 사람들을 돕고 싶다고 생각했던 소녀는 이제 어엿한 학자로 성장하여 사회에 변화를 줄 수 있는 방법을 찾았다. 그녀는 가장 어려웠던 시절에 루실 페이지가 자신에게 1000달러를 주면서 해준 격려의 말을 실천하는 중이다. '갚을 필요 없어. 기회가 되면 다른 사람을 도와주는 데 써.' 이제 그녀 자신이 사회로부터 받은 혜택을 사회에 고스란히 돌려줄 차례였다.

걸어온 길

1950 10월 마르타 티엔다 출생.

1951 티엔다 가족이 시카고에서 미시간주 디트로이트로 이사 감.

1957 마르타의 어머니 아주세나가 수술 합병증으로 사망.

1959 마르타의 아버지 토리비오 티엔다(토비)가 베아트리체 스무트와 재혼.

1968 마르타, 링컨 파크 고등학교를 우수한 성적으로 졸업.

1971 여름 동안, 미시간주 농무부에서 이주 노동자들의 푸드 스탬프 수급 자격을 확인하는 일을 함. 이민자 아이들을 위한 탁아소 설립을 도움.

1972 미시간 주립대학교에서 스페인어 학사학위를 받음. 포드 재단 장학금을 받아 텍사스 오스틴 주립대학교에서 대학원 과정을 시작함.

1974 '남아메리카 여성들의 역할'이라는 주제의 여름 세미나에 참석하기 위해 멕시코를 여행함.

1975 텍사스 대학교에서 사회학 석사학위 받음.

1976 텍사스 오스틴 대학교에서 사회학으로 박사학위를 받음. 텍사스에서 웬스 랜즈와 결혼하기 바로 전날 동생 후안 루이스가 교통사고로 사망. 마르타와 웬스는 위스콘신주 메디슨으로 이사함. 위스콘신 대학교에서 사회학을 가르치기 시작함.

1982 11월 22일에 아들 루이스 가브리엘 출생.

1987 프랭크 빈과 마르타 티엔다가 공동 집필한 책 『미국 거주 히스패닉 인구』 출간. 마르타 가족이 시카고로 이사하고, 마르타는 시카고 대학교의 사회학 교수로서 새 출발.

1989 9월 18일에 둘째 아들 카를로스 출생.

1994 시카고 대학교의 사회학과 학과장이 됨. 동료 하야 스티에르와 텔아비브 대학교에서 연구하기 위해 이스라엘로 3개월간 여행. 마르타와 하야는 2001년에 출판된 책 『기회의 색 : 가족, 복지 그리고 직업으로 가는 통로』를 집필하기 시작함.

1997 마르타와 그녀의 두 아들이 뉴저지로 이사 감. 프린스턴 대학교에서 사회학과 공공 정책 분야 교수가 됨.

1998 2002년까지 프린스턴 대학교의 인구 연구 위원회를 지도함.

2002 인구 관련 연구를 증진시키기 위한 비영리 단체 미국인구협회 의장으로 재직.

2003 연방준비제도 산하 뉴욕의 연방준비은행 이사회에서 2년 임기의 위원으로 임명됨. 국립과학학술원이 마르타에게 미국 거주 히스패닉에 대한 2년간에 걸친 연구를 위탁함. 10월에 〈히스패닉 비즈니스 매거진 *Hispanic Business Magazine*〉 선정 '미국에서 가장 영향력 있는 히스패닉 100명'에 오름.

2004 텍사스 주의회에서 대학 신입생 선발 때 텍사스주가 시행하는 '상위 10퍼센트 플랜'에 대해 지지하는 증언을 하고, 그 플랜을 더 공정하게 시행하기 위한 방법을 제시함. 11월에 Hispanic Business Inc.에서 주는 평생 공로상을 수상함.

2005 학교에서 학생들을 가르치면서 박애주의 단체 여러 곳에서 임원으로 활동.

2013 인구조사국(PRB) 이사회 임원으로 선임됨.

2017 프린스턴 대학교의 사회학과 교수로 재직 중이며, 사회학자로서 지금까지 미국 인구 정책, 인구 통계, 소수 민족의 불평등, 고등교육, 이민자 교육 정책 등과 관련된 200여 편의 논문을 학술지에 발표함.

용어 설명

이 책은 사회학자를 다루고 있다. 과학 용어의 뜻을 파악하려면 그리스어와 라틴어를 조금이나마 아는 것이 도움이 된다. 'Socio'는 '동료'를 의미하는 라틴어 'socius'에서 유래한 것이다. 'logia'는 '~의 과학'이라는 뜻이다. 사회학자는 사람들로 이루어진 조직의 집합 행동을 연구하는 사람이다.
다음은 마르타의 사회학 논문을 읽을 때 자주 접하게 되는 용어다. 좀 더 자세한 정보를 알고 싶으면 사전을 참조하기 바란다.

가설hypothesis : 관찰이나 실험으로 검증될 수 있는 개념.
게토ghetto : 소수 민족이 사회·경제적 이유 때문에 몰려 사는 가난한 도시의 특정 지역.
고정관념stereotype : 한 집단의 구성원들과 그 특징들을 지나치게 단순화시킨 정신적 이미지나 견해.
데이터data : 과학적인 연구를 통해 수집된 사실과 수.
도시화urbanization : 도시의 발달과 고도화. 라틴어로 'urbanus'는 '도시'를 뜻한다.
동화assimilate : 이민자들이 그 나라 사람들의 문화적 전통이나 언어, 삶의 방식을 받아들이는 것.
민족ethnic : 특정 인종이나 문화 그룹에 속하는 것. 그리스어로 'ethnos'는 '국가'를 뜻한다.
사회과학social science : 사람의 행동과 제도 등이 사회를 이루는 요소로서 어떻게 상호 연결되어 있는지 연구하는 학문의 한 분야.
소수자 우대 정책affirmative action : 학교 입학이나 고용 문제에서 소수 민족과 여성 등에게 특별한 배려를 해주는 제도적 관행을 뜻한다.

양적 분석quantitative analysis : 인구가 어떻게 변하는지 보여주기 위하여 인구 조사에서 나온 대용량 데이터를 사용한다. 양적 데이터는 인구 수나 고용률 같은 수치를 다룬다.

인구 조사census : 특정 인구에 대한 공식 집계나 조사. 미국 정부는 10년마다 인구 조사를 실행한다.

인구통계학demography : 출생률, 사망률, 인구 크기, 교육, 고용 등 인구와 관련된 통계를 다루는 학문. 그리스어로 'demo'는 '사람들'을 뜻한다.

종단 분석longitudinal analysis : 장기간에 걸친 특정 집단에 대한 연구.

질적 분석qualitative analysis : 인구 집단이 어떤 요인 때문에 변하거나 특정한 방식으로 행동하는지 그 이유를 밝히기 위하여 데이터를 수집하는 것. 질적 분석 데이터는 사물의 의미를 다루며, 어떤 사람의 직업 또는 가족 생활에 대한 인터뷰를 통해 행동, 언어, 사진 등으로 표현되기도 한다.

차별discrimination : 인종, 종교, 국적, 성별 등의 차이 때문에 특정 집단 사람들을 대하는 명시적 혹은 묵시적 태도나 대우의 불이익.

치카노 Chicano : 미국에 사는 멕시코인의 후손.

크로스 섹션cross section : 자신들이 속해 있는 더 큰 집단과 같은 특징들을 공유하는 사람들의 하위 조직. 전체의 모습을 보여주는 대표적인 표집 방식이다.

통계학statistics : 수 데이터를 모으고, 분류하고, 분석하는 수학의 한 분야.

평균average : 지능, 고용, 교육 수준 등 통계 집단의 특성을 나타내는 양 극단의 중간점을 의미한다.

표본sample : 집단 전체가 어떤 모습인지 알기 위해 분석하는 해당 집단의 부분집합을 뜻한다.

히스패닉Hispanic : 스페인어를 쓰는 나라에서 이주해 미국에 사는 사람.

단위 변환

아는 단위	곱하기 숫자	변환할 단위
인치	2.54	센티미터
피트	0.30	미터
야드	0.91	미터
마일	1.61	킬로미터
에이커	0.40	헥타르
파운드	0.45	킬로그램
센티미터	0.39	인치
미터	3.28	피트
미터	1.09	야드
킬로미터	0.62	마일
헥타르	2.47	에이커
킬로그램	2.20	파운드

더 읽을거리

여성 과학자에 관한 웹사이트인 www.iWASwondering.org를 방문하면 기후 과학자, 천문학자, 야생생물학자, 로봇 공학자 등 다양한 분야에 몸담고 있는 여성 과학자들의 이야기를 접할 수 있다. 게임을 하고, 만화를 즐기고, 과학자가 되는 연습을 해보길 바란다. 재미있게 노는 동안 이 세상을 바꾼 놀라운 여성 과학자를 만나게 될 것이다.

도서

Atkin, S. Beth. *Voices from the Fields: Children of Migrant Farmworkers Tell Their Stories*. Boston: Joy Street Books, 1993.

아홉 명의 멕시코계 미국인 아이들의 개인적인 이야기와 드라마틱한 사진은 이주자들의 삶과 그들 가족들이 겪는 가혹한 현실을 보여준다.

Bandon, Alexandra. *Mexican Americans*. New York: Maxwell Macmillan International, 1993.

1인칭 관찰자 시점으로 서술되었으며, 미국에 온 멕시코 이민의 최근 역사에 초점을 맞추고 있다.

Kotlowitz, Alex. *There Are No Children Here: The Story of Two Boys Growing Up in the Other America*. New York: Anchor Books, 1992.

시카고의 헨리 호너 주택 프로젝트가 시행된 곳에서 성장한 라파예트와 파로아 리버스 형제의 강렬한 이야기. 이 이야기는 도시 빈민층을 조사한 마르타 티엔다의 자료를 기반으로 하고 있다.

Morey, Janet and Wendy Dunn. *Famous Mexican Americans*. New York: Cobblehill Books, 1989.
이 책은 다양한 직업을 가진 멕시코인 열한 명의 성공 사례를 보여준다.

웹사이트

Carnegie Corporation of New York :
http://www.carnegie.org/reporter/08/interview/interview_low.html
마르타 티엔다는 비영리재단 뉴욕 카네기재단의 임원으로서 8년간 일했다. 『카네기 리포터』에 실린 인터뷰에서, 마르타 티엔다는 자신이 어떤 교육을 받았는지, 어떻게 인구통계학자라는 직업을 선택하게 되었는지, 왜 그녀는 소수 민족과 고등교육에 대해 연구하게 되었는지 등을 솔직하게 이야기했다.

Scholarships for Hispanics : http://www.scholarshipsforHispanics.org
이 웹사이트는 전미교육협회와 전미히스패닉언론재단이 후원하는 곳이다. 히스패닉계 학생들을 위한 1000여 개 이상의 재정 지원 정보와 장학금 신청 방법 등에 관한 지침을 제공한다.

Texas Top 10% Project : http://www.texastop10.princeton.edu
이 사이트에는 마르타 티엔다의 인터뷰를 볼 수 있다. 이 인터뷰를 통해, 텍사스의 입시 정책 변화가 소수 민족의 대학 취학률에 어떤 영향을 미치는지 살펴보는 '텍사스 상위 10 퍼센트 프로젝트' 등 마르타 티엔다의 연구 프로젝트를 엿볼 수 있다.

United States Census Bureau : http://www.census.gov
히스패닉계 인구의 사회적·경제적 특징에 대한 통계와 기타 정보를 얻을 수 있다.

참고 문헌

이 책을 쓰기 위해 마르타 티엔다와 그녀의 가족, 친구 및 동료들과 인터뷰했을 뿐 아니라 여러 책을 읽으며 조사했다. 마르타 티엔다가 조언해준 자료의 일부를 제시한다.

Bean, Frank D. and Marta Tienda. *The Hispanic Population of the United States*. New York: Russell Sage Foundation, 1987.

Kanellos, Nicolas, ed. *The Hispanic-American Almanac: A Reference Work on Hispanics in the United States*. Detroit: Gale Research, 1993.

Stier, Haya and Marta Tienda. *The Color of Opportunity: Pathways to Family, Welfare, and Work*. Chicago: University of Chicago Press, 2001.

Tienda, Marta and Julius Wilson, eds. *Youth in Cities: A Cross-National Perspective*. Cambridge: Cambridge University Press, 2002.

시리즈 자문위원회

이 시리즈를 기획하고 발전시키는 데 수많은 훌륭한 분들이 시간을 내주고 조언해주었다. 시간과 재능을 나누어준 다음 분들에게 감사드린다.

〈전문가 자문단〉

맥신 싱어 Maxine Singer(자문단 위원장) 생화학자. 워싱턴카네기협회 전 회장.

새러 리 슈프 Sara Lee Schupf 새러리 기업Sara Lee Corporation의 수장으로 과학계 여성의 헌신적인 지지자.

브루스 앨버츠 Bruce Alberts 분자세포생명과학자. 미국 국립과학원 회장, 미국 연구위원회 회장(1993~2005).

메이 베렌바움 May Berenbaum 곤충학자. 일리노이 대학교(어배나, 샘페인) 곤충학과 학과장.

리타 R. 콜웰 Rita R. Colwell 미생물학자. 메릴랜드 대학교 및 존스홉킨스 대학교 석좌교수. 미국 국립과학재단 전 이사장.

크리슈나 포스터 Krishna Foster 캘리포니아 주립대학교(로스앤젤레스) 화학·생화학학과 조교수.

앨런 J. 프리드먼 Alan J. Friedman 물리학자. 뉴욕과학관 관장.

토비 혼 Toby Horn 생명과학자. 워싱턴 카네기협회의 과학교육 카네기 아카데미 공동 소장.

셜리 잭슨 Shirley Jackson 물리학자. 렌셀러 폴리테크닉 연구소 소장.

제인 버틀러 케일 Jane Butler Kahle 생명과학자. 마이애미 대학교(옥스퍼드, 오하이오) 과학교육학과 교수.

바브 랭그리지 Barb Langridge 하워드 카운티 도서관 어린이 전문가. WBAL-TV 어린이 도서 평론가.

제인 루브첸코 Jane Lubchenco 오리건 주립대학교 해양생물학과 동물학 교수. 국제과학협의회 회장.

프레마 마타이-데이비스 Prema Mathai-Davis 미국 YMCA 전 회장.

마르시아 맥너트 Marcia McNutt 지구물리학자. 몬터레이만 아쿠아리움 연구소 소장.

팻 스캘스 Pat Scales 사우스 캐롤라이나 예술인문 거버너스 스쿨 도서관 서비스 회장.

수전 솔로몬 Susan Solomon 대기화학자. 미국 국립해양대기청 초고층 대기 물리학 연구소의 원로 과학자.

셜리 틸먼 Shirley Tilghman 분자생명과학자. 프린스턴 대학교 총장

게리 휠러 Gerry Wheeler 물리학자. 국립과학교사협회 전무이사.

〈도서관 자문단〉

미국 전역의 많은 학교와 공공 도서관이 샘플 디자인과 본문을 친절하게 검토해주었고, 책의 포맷에 관한 질문에 답해주었으며, 책을 발간하는 동안 계속해서 전문적인 자문을 해주었다.

배리 M. 비숍 Barry M. Bishop 도서관 정보 서비스 팀장, 스프링 브랜치 교육청(휴스턴, 텍사스)

대니타 에스트먼 Danita Eastman 어린이 책 평가사, 로스앤젤레스 카운티 공공 도서관(다우니, 캘리포니아)

마사 에드먼드선 Martha Dedmundson 도서관 서비스 코디네이터, 덴튼 공공 도서관(덴튼, 텍사스)

달시 페어 Darcy Fair 어린이 서비스 매니저, 벅스 카운티 도서관(야들리, 펜실베이니아)

캐슬린 핸리 Kathleen Hanley 스쿨 미디어 전문가, 코맥 로드 초등학교, (아이슬립, 뉴욕)

에이미 라우티트 존슨 Amy Louttit Johnson 도서관 프로그램 전문가, 플로리다 주립 도서관 및 기록 보관소(탤러해시, 플로리다)

매리 스탠턴 Mary Stanton 청소년 전문가, 자료 선정 사무국, 휴스턴 공공 도서관(휴스턴, 텍사스)

브랜다 G. 툴 Brenda G. Toole 교육 미디어 서비스 감독관(파나마시티, 플로리다)

〈학생 자문단〉

이 시리즈를 비평하고 평가함으로써 도움을 준 다음 학교와 기관의 학생들에게 감사드린다. 디자인과 이야기 진행에 관한 피드백(개선을 위한 정보나 의견)이 본 프로젝트를 진행하는 데 지대한 영향을 미쳤다.

아그네스 어윈 스쿨(로즈먼트, 펜실베이니아)
라콜리나 중학교(샌타바버라, 캘리포니아)
하커데이 스쿨(댈러스, 텍사스)
중부 메릴랜드 걸스카우트, 주니어 걸스카우트 지구대 #545
중부 메릴랜드 걸스카우트, 주니어 걸스카우트 지구대 #212

도판의 출처

표지 Dan Dry; 9 Billy Goodman; 10 © Bettmann/Corbis; 14 Photo by Shel Hershorn/Time Life Pictures/Getty Images; 15 U.S. Department of Agriculture; 16 © Bettmann/Corbis; 17 Library of Congress; 24 U.S. Department of Agriculture; 41 Library of Congress; 47 State Archives of Michigan; 50 Library of Congress; 52(오른쪽) Courtesy Lucille Page; 58, 59 Courtesy Lincoln Park High School; 76 Photo by Shel Hershorn/Hulton Archive/Getty Images; 80(위) © Bettmann/Corbis; (아래) Photo by Shel Hershorn/Time Life/Getty Images; 82 Library of Congress; 84 State Archives of Michigan; 86 National Archives and Records Administration; 87 Courtesy The Alpena News; 97 Courtesy University of Texas at Austin; 100 Will Mason; 102 Courtesy University of Texas at Austin; 118 © Caroline Penn/Corbis; 128 National Archives and Records Administration; 129 Courtesy Russell Sage Foundation; 134, 138 David Joel; 146 © Reuters/ Corbis; 153 Courtesy University of Chicago Press; 154, 159 National Archives and Records Administration; 157 © Gyori Antoine/Corbis Sygma; 164, 165 Denise Applewhite; 167 © David Botou/Corbis Saba; 168 *Texas Educational Opportunity Survey*, by Scantron Corporation. Copyright © 2002 by Scantron Corporation. Used by permission of Scantron Corporation. All rights reserved. No reproductions may be made without the prior written permission of the copyright owner; 171 Denise Applewhite; 173 Official White House Photo; 174 U.S. Census Bureau; 176 Billy Goodman

거침없이 도전한 여성 과학자 10
사람을 연구하는 사람 : 사회학자 마르타 티엔다

초판 발행 2017년 10월 20일

글쓴이 다이앤 오코넬
기획 한국여성과총 교육홍보출판위원회
옮긴이 한국여성과총 교육홍보출판위원회
강인숙 권오남 김인선 남영미 박진아 변인경 여의주 이숙경 이종은 조성경 최영림 홍은주
펴낸이 김정순
편집 허영수 주이상
디자인 김진영 모희정
마케팅 김보미 임정진 전선경
펴낸곳 (주)북하우스 퍼블리셔스
출판등록 1997년 9월 23일 제406-2003-055호
주소 04043 서울시 마포구 양화로 12길 16-9(서교동 북앤빌딩)
전자우편 henamu@hotmail.com
홈페이지 www.bookhouse.co.kr
전화번호 02-3144-3123
팩스 02-3144-3121

ISBN 978-89-5605-822-1 04400
978-89-5605-777-4 (세트)

* 본 출간 사업은 과학기술진흥기금 및 복권기금의 지원을 받아 진행되었습니다.

이 도서의 국립중앙도서관 출판시도서목록(CIP)은 서지정보유통지원시스템 홈페이지(http://seoji.nl.go.kr)와 국가자료공동목록시스템(http://www.nl.go.kr/kolisnet)에서 이용하실 수 있습니다.(CIP제어번호: CIP2017024768)